改訂新版

てっとり早く確実に
マスターできる

Excel VBAの教科書

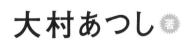

大村あつし 著
Atsushi Omura

技術評論社

はじめに

　私は、「Excelのマクロを習得する」というのは、大別して次の6つをマスターすることだと考えています。

① ブックやシート、セルなどのExcelの基本オブジェクトを扱えるようになる
② 変数を理解する
③ 条件分岐（If文）を理解する
④ 繰り返し処理（ループ文）を理解する
⑤ メッセージボックスやダイアログボックスなどの対話型のテクニックを理解する
⑥ 主要なVBA関数を理解する

　そして、本書を読めば確実に上記の6つはクリアーできます。すなわち、「VBAの中級者になれる」ことを自信を持ってお約束いたします。
　ただし、解説手順はライターの個性がありますので、いきなり②③④を解説し、そのあとに①を解説するなど、ここは書籍によって相違があります。
　そうした中で、私が25年間Excel VBAの解説書を執筆し続けてたどり着いた結論は、上記の①〜⑥の順番で学習するのがもっとも取っつきやすく、途中で挫折することもなく中級者になれるというものでした。

　さらに、私はこの四半世紀でもう1つの確固たる信念を持つに至りました。それは、「入門者が最初にマスターすべきはマクロ記録である」というものです。
　マクロ記録は、ブックを開く／閉じる、シートを追加／削除する、セルにデータを入力するという基本操作はもちろんのこと、データの抽出やソートなどなど、Excelに備わっている機能はほぼすべて自動でマクロとして記録してくれる極めて優れた機能です。
　ですから、本書は類書とは異なるアプローチで、まずは「マクロ記録」について徹底的に解説することでみなさまには「脱入門者」になっていただき、その後、マクロ記録では作成できない条件分岐や繰り返し処理を解説することで「中級者」を目指していただく構成になっています。

　そうした本書の独創的な解説手順、解説手法がみなさまの学習の一助となれば、著者としてこれ以上の幸福はありません。

大村あつし

目次

2 章　ブックとシートを VBA で操作しよう

3 章　セルを VBA で操作しよう

4 章　変数を理解しよう

5 章　条件分岐を理解しよう

6章　繰り返し処理（ループ）を理解しよう

7章　対話型マクロを作ろう

8章　文字列を操作する関数

9章　日付や時刻を操作する関数

10 章　その他の便利な関数

付録

序章

マクロ記録と
Visual Basic Editor

VBAを本格的に学習する前に、「マクロ記録」とVisual Basic Editor(VBE)について学んでおきましょう。マクロ記録は、ユーザーの操作を自動記録してマクロを作成してくれる強力な機能です。また、マクロに関する作業はVBEという開発画面上で行いますので、このVBEについても解説します。

序-01

マクロの記録でマクロを作成する

Excelには、ICレコーダーがあなたの声を記録するかのように、あなたが行った操作を記録してマクロに自動変換してくれる「マクロの記録」という機能があります。では、このマクロの記録について必要なテクニックを学習することにしましょう。

[開発]タブを表示する

Excel2007以降では、マクロの作成・編集・実行という基本操作から、コンピュータをマクロウィルスから守るためのセキュリティの設定まで、すべて**[開発]タブ**で行うことができます。しかし、[開発]タブは、既定では表示されていません。そこで、まずは[開発]タブを表示します。以下の手順で行ってください。

▶解説動画
【序章_01】

 ❶[ファイル]タブをクリックする。

⬇

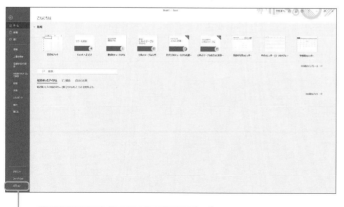

❷[オプション]をクリックする。 ⬇ 次ページへ

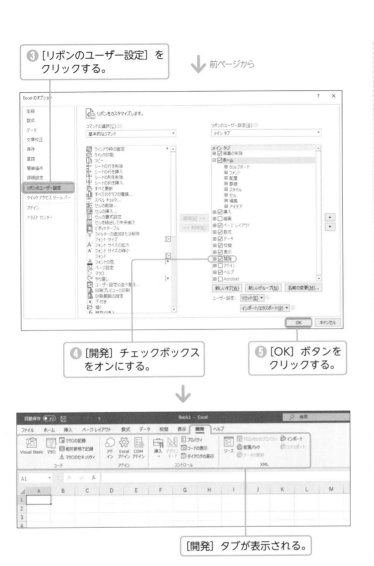

③ [リボンのユーザー設定] を
クリックする。

前ページから

④ [開発] チェックボックス
をオンにする。

⑤ [OK] ボタンを
クリックする。

[開発] タブが表示される。

マクロを記録する

それでは、簡単なマクロを記録してみましょう。

これから作成するマクロは、セルC3に「こんにちは」と入力
して、フォントを「MSゴシック」「斜体」「サイズ=20」に設定
するものです。

新規ブックを用意したらスタートです。

● 解説動画
【序章_02】

✔ チェック

[OK] ボタンをクリックすると
「マクロの記録」が始まります。

① [開発] タブで [マクロの記録]
ボタンをクリックする。

② [OK] ボタンを
クリックする。

③ セルC3に「こんに
ちは」と入力して
Enter キーを押す。

④ 再びセルC3を選
択して、Ctrl + 1
キーを押す。

⑤ [セルの書式設定] ダイアログボックスで
[フォント] タブをクリックする。

⑥ [フォント名] で
「MS ゴシック」、
[スタイル] で「斜
体」、[サイズ] で
「20」を選択する。

⑦ [OK] ボタンを
クリックする。

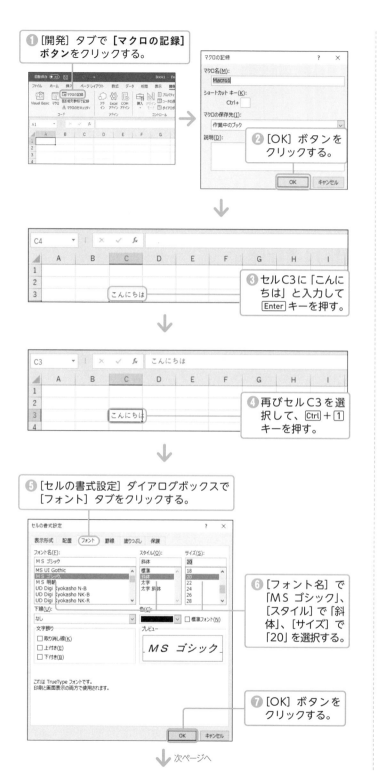

次ページへ

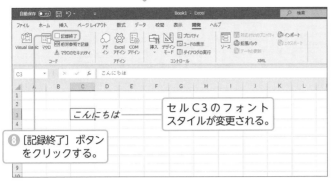

↓ 前ページから

↓ 前ページから

セル C3 のフォント
スタイルが変更される。

❽ [記録終了] ボタン
をクリックする。

✔ チェック

[記録終了] ボタンをクリック
すると「マクロの記録」が終了し
ます。

手順❶〜❽によって「Macro1」という名前のマクロが記録
されました。**マクロの記録**は、このように非常に手軽な機能です
が、間違った操作までそのまま記録してしまいますので、時間を
かけて慎重に記録してください。もちろん、ゆっくり操作してマ
クロの記録をしても、完成したマクロの速度とは無関係です（マ
クロの速度が遅くなるわけではありません）。

Excelには膨大なコマンドが用意されていますが、マクロ記
録はそのほとんどをマクロとして記録してくれます。したがっ
て、「こんな操作は記録できないのではないか？」と疑心暗鬼に
ならずに、とにかくまずはマクロを記録してみることです。当面
は、自動化したい操作を次々にマクロ記録するだけで、日々の作
業効率は飛躍的に向上するはずです。

| column | **マクロの記録では記録されない操作** |

基本的にマクロの記録はすべての操作を記録します。しかし、以下に挙げるような操作は記録されません。

●ダイアログボックスを開く操作

マクロの記録は、操作の「結果」だけを記録すると
いう特性がありますので、［セルの書式設定］などのダ
イアログボックスを開いても、「開いた」という操作自
体は記録されません。ダイアログボックスを開くのは、
単なる操作の「過程」だからです。マクロには、ダイ
アログボックスで設定した内容のみが記録されます。

●IMEをオンにしたりオフにしたりする操作

日本語を入力するときには、IME（日本語入力シス
テム）を起動したり、逆に英語を入力するときにはIME

をオフにしたりしますが、このIMEのオン／オフの操
作はマクロには記録されません。文字が確定して Enter
キーでセルに入力された時点で、初めてその内容がマ
クロとして記録されます。

●Excel以外の操作

マクロの記録中にExcelの操作を中断して別のアプリ
ケーションを操作したり、Windowsのエクスプローラー
などを操作してもマクロには記録されません。マクロ
として記録できるのは、あくまでもExcel上の操作だけ
です。

マクロ記録とVisual Basic Editor

序-02

マクロを含むブックを保存する

Excelでは、マクロを含むブックを「Excelマクロ有効ブック」として保存しなければなりません。「Excel
マクロ有効ブック」ではなく、既定の保存形式「Excelブック」で保存した場合は、マクロは保存され
ません。ここで、「Excelマクロ有効ブック」について理解しておきましょう。 ◉［序章.xlsm］参照

「Excel マクロ有効ブック」とは?

　Excelには、ブックの保存形式がいくつか用意されています
が、マクロを含むブックについては、［名前を付けて保存］コマ
ンドで拡張子が「.xlsm」の「Excelマクロ有効ブック」形式で保
存することで、マクロが保存されます。

　そして、そのブックを開くときには、次ページで解説するマク
ロのセキュリティに関するメッセージバーが表示されます。

　Excelの主な保存形式（「Excelブック」「Excelマクロ有効ブッ
ク」「Excel97-2003ブック」）の拡張子、特徴、アイコンについて
次の表にまとめておきます。

保存形式	拡張子	特徴	アイコン
Excelブック	.xlsx	Excel2007-2019の既定のファイル形式。マクロを含むことはできません。	
Excelマクロ有効ブック	.xlsm	Excel2007-2019のマクロを含むことができるファイル形式。	
Excel97-2003ブック	.xls	Excel2003以前の既定のファイル形式で、マクロを含むこともできます。	

「Excel マクロ有効ブック」のマクロを有効にする

　Excelでは、マクロを含むブックを開くと、まず、マクロが無効の状態でブックが開かれます。確かにこれで、マクロウィルスに感染する可能性はなくなりますが、これでは実行したいマクロも動きません。

　そこで、次図のように、マクロを有効にするかどうかのメッセージが表示されます。有効にしてはじめて、そのブックのマクロが実行できるようになります。

セキュリティの警告が表示される。

　マクロを含んだブックを開いたとき、セキュリティの警告が表示されますので、**[コンテンツの有効化] ボタン**をクリックしてマクロを有効にします。

❶[コンテンツの有効化] ボタンをクリックする。

マクロが有効になる。

🔍 参考

　この手順は、実際にサンプルファイルの [序章.xlsm] を開いて確認してください。

---

column　ブックを移動やコピーした後に開く

　一度、[コンテンツの有効化] ボタンでマクロを有効にすると、次回からはセキュリティの警告が表示されずにマクロが実行できるようになります。しかし、そのブックを移動やコピーして開くと、再びセキュリティの警告が表示されます。

　ただし、ブックを移動しても [コンテンツの有効化] ボタンが再表示されないこともあります。この点については実に細かいルールがあるのですが、そのルールを覚える意義はありません。

　[コンテンツの有効化] ボタンが再表示されたらクリックする、表示されなければマクロは有効の状態、という認識で臨んでください。

序　マクロ記録とVisual Basic Editor

序-03

マクロを編集・実行・登録する（Visual Basic Editor）

記録したマクロがそのまま利用できるときにはそれでいいのですが、そうでない場合は、マクロを記録したら、次にそのマクロをVisual Basic Editorで編集します。ここでは、先ほど記録した操作が間違っていたと仮定して、「Macro1」を編集してみることにしましょう。 ◎[序章.xlsm]参照

マクロを Visual Basic Editor に表示して内容を変更する

では、マクロを画面に表示してみましょう。

まず［序章.xlsm］を開いて「Sheet2」を表示し、Alt + F11 キーを押すか、次のように操作をしてください。

❶［開発］タブをクリックする。

❷［Visual Basic］ボタンをクリックする。

記録されたマクロが画面に表示される。

↓ 次ページへ

✔ チェック

この画面が「Visual Basic Editor」(以下、VBE)です。VBEの画面構成については27ページで解説します。

🔍 参考

この図のようにマクロが表示されなかったら、21ページの手順でマクロを表示してください。

前ページから

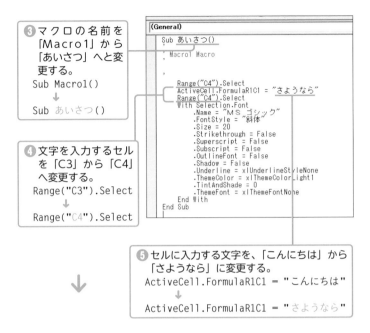

❸ マクロの名前を
「Macro1」から
「あいさつ」へと変
更する。
Sub Macro1()
↓
Sub あいさつ()

❹ 文字を入力するセル
を「C3」から「C4」
へ変更する。
Range("C3").Select
↓
Range("C4").Select

❺ セルに入力する文字を、「こんにちは」から
「さようなら」に変更する。
ActiveCell.FormulaR1C1 = "こんにちは"
↓
ActiveCell.FormulaR1C1 = "さようなら"

❻ マクロの中の任意の位置
にカーソルを置いて F5
キーを押して、マクロを
実行する。

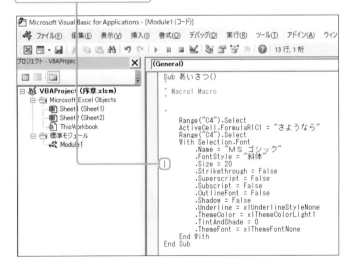

次ページへ

❶ 注意

手順❹で変更を加える場所が2
つあります。

♀ 参考

この章では、マクロの実行方
法としてVBE上で F5 キーを押
す方法と、［フォームコントロー
ル］のボタンにマクロを登録す
る方法を紹介しますが、そのほ
かにも、主に以下の3つの方法が
あります。
①クイックアクセスツール
バーのボタンに登録する
②図形オブジェクトに登録す
る
③ショートカットキーに登録
する

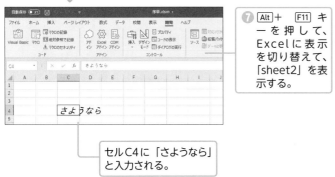

⑦ Alt + F11 キーを押して、Excelに表示を切り替えて、「sheet2」を表示する。

セルC4に「さようなら」と入力される。

前ページから

参考

ExcelとVBEの表示を切り替える Alt + F11 キーは、VBEを起動することもできます。ぜひ覚えておきましょう。

---

column ## マクロの名前の規則

マクロに名前を付けるときには、次の規則に従わなければなりません。

● 先頭に数字は使えない
　× **悪い例**　Sub 1Day ( )

● ピリオド(.)、感嘆符(!)、疑問符(?)などの記号は使えない
　× **悪い例**　Sub OK?NG? ( )

● スペースは使えない
　名前の中にスペースは使えません。したがって、単語を区切るときにはアンダースコア(_)を使ってください。
　○ **良い例**　Sub Sort_Members ( )
　× **悪い例**　Sub Sort Members ( )

● 大文字と小文字は区別されない
　英字の場合には、大文字と小文字は区別されません。

● 使えない単語がある
　VBAですでに使われている単語の中には、マクロの名前として使えるものと使えないものがありますが、仮に使える単語でも使うべきではありません。
　× **悪い例（使えない名前）**
　　　　Sub If ( )
　× **悪い例（使えるけれど使うべきでない名前）**
　　　　Sub Range ( )

VBEを起動してコードウィンドウが表示されなかったら、以下の手順でコードウィンドウを表示してマクロを表示してください。

コードウィンドウが表示されていない。

❶「標準モジュール」をダブルクリックする。

❷「Module1」をダブルクリックする。

コードウィンドウにマクロが表示される。

マクロを［フォームコントロール］のボタンに登録する

VBE上で F5 キーを押すマクロの実行方法は、あくまでも開発途上のマクロの動作を確認するための手段で、日々利用するマクロはもっと便利な方法で実行できるようにします。そこで、ここではマクロを**［フォームコントロール］のボタン**に登録して実行する方法を紹介します。

以下の操作は、［序章.xlsm］の「Sheet2」で行ってください。また、セルC4に文字が入力されているときには、あらかじめ消去してください。

① [開発] タブの [挿入] ボタンをクリックする。

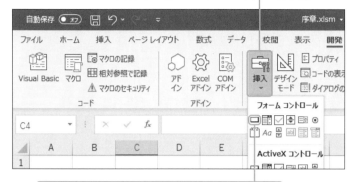

② [フォームコントロールボタン] をクリックする。

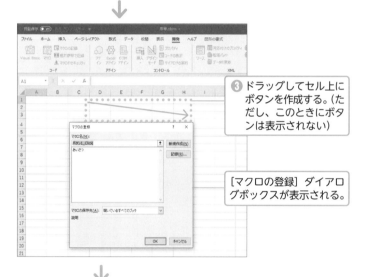

③ ドラッグしてセル上にボタンを作成する。（ただし、このときにボタンは表示されない）

[マクロの登録] ダイアログボックスが表示される。

④ 目的のマクロを選択する。

⑤ [OK] ボタンをクリックする。

次ページへ

次ページへ

▶ 解説動画
【序章_03】

❗ 注意

ここで作成するのは [フォームコントロール] のボタンです。間違って [ActiveX コントロール] のボタンを作成しないでください。両者のボタンは非常に似ていますが、その機能はまったく異なります。

🔍 参考

Shift キーを押しながらドラッグすると、縦横の比率が同じオブジェクト（ボタン）を作成することができます。また、Alt キーを押しながらドラッグすると、セルの枠線に合わせてオブジェクト（ボタン）を作成することができます。

❗ 注意

19 ページの操作③でマクロ名を変更していない場合は、「あいさつ」とは表示されませんので注意してください。

前ページから

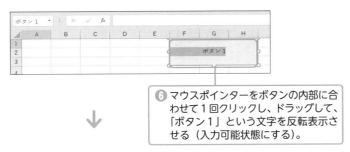

❻ マウスポインターをボタンの内部に合わせて1回クリックし、ドラッグして、「ボタン1」という文字を反転表示させる（入力可能状態にする）。

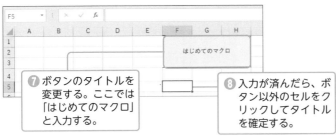

❼ ボタンのタイトルを変更する。ここでは「はじめてのマクロ」と入力する。

❽ 入力が済んだら、ボタン以外のセルをクリックしてタイトルを確定する。

　これで、このボタン（[はじめてのマクロ] ボタン）をクリックすると、登録したマクロ（「あいさつ」マクロ）が実行されます。

　なお、この一連の作業で［フォームコントロール］のボタンにマクロを登録したものが、ダウンロードファイルに収録されているサンプルブック［序章.xlsm］の［Sheet1］のボタンです。

❶ [序章.xlsm] を開いて「sheet1」か「sheet2」のボタンをクリックする。

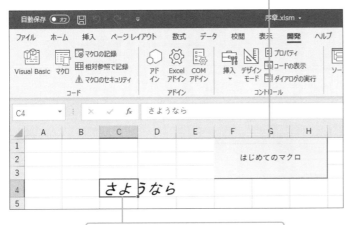

マクロ「あいさつ」が実行されて、セルC4に「さようなら」と入力される。

✔ チェック

　マクロが登録されたボタンのサイズやタイトルを変更するときには、Ctrlキーを押しながらボタンをクリックしてください。マウスポインターの形状は変わりませんが、マクロを実行することなくボタンを選択できます。

序章

マクロ記録とVisual Basic Editor

序-04

マクロの構成と基本用語

ここでは、マクロの構成と基本用語を簡単に紹介します。とは言っても、VBAの文法といった大げさなものではありません。マクロの記録で作成したマクロを眺めるときに最低限知っておきたい初歩的な知識をマスターすることが目的です。 ◎［序章.xlsm］参照

マクロの構成

次は、19ページで編集したマクロの中身です。

> マクロは「**Sub** ○○○（タイトル）()」で始まります。「Sub」とタイトルは半角のスペースで区切ります。また、タイトル右横の「()」は、「Sub ○○○（タイトル）」と入力してEnterキーを押すと自動的に表示されます。

```
Sub あいさつ()                              ─── タイトル
'
' Macro1 Macro
'                                         ─── コメント

'
(1)     Range("C4").Select
(2)     ActiveCell.FormulaR1C1 = "さようなら"
(3)     Range("C4").Select
(4)     With Selection.Font
(5)         .Name = "ＭＳ ゴシック"
(6)         .FontStyle = "斜体"
(7)         .Size = 20
            .Strikethrough = False
            .Superscript = False
            .Subscript = False          ─── 本文
            .OutlineFont = False
            .Shadow = False
            .Underline = xlUnderlineStyleNone
            .ThemeColor = xlThemeColorLight1
            .TintAndShade = 0
            .ThemeFont = xlThemeFontNone
        End With
End Sub
```

> マクロは「**End Sub**」で終わります。「End Sub」は、「Sub ○○○（タイトル）」と入力してEnterキーを押すと自動的に表示されます。

024

どうですか。「マクロはプログラム」とは言っても、意外に人間の言葉に近いことがわかると思います。実際に、このマクロの（1）～（7）までの命令を日本語に置き換えると次のようになります。

（1）	セルC4を選択する
（2）	アクティブセルに"さようなら"と入力する
（3）	セルC4を選択する
（4）	選択されているセルのフォントを…
（5）	MS　ゴシックにする
（6）	斜体にする
（7）	20ポイントにする

マクロの基本用語

キーワード

「Sub」や「Range」のように、マクロのためにあらかじめ用意されている単語を**キーワード**と呼びます。

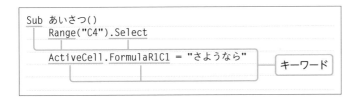

また、「With」や「False」などのいくつかのキーワードは青で表示されます。これらは、VBAによって予約済みということで**予約キーワード**と呼ばれますが、通常のキーワードと予約キーワードの違いを意識する必要はまったくありません。

ステートメント

マクロの中の個々の命令文のことを**ステートメント**と呼びます。

```
Sub あいさつ()
    Range("C4").Select
    ActiveCell.FormulaR1C1 = "さようなら"      ステートメント
    Range("C4").Select
```

マクロは、ステートメント単位で命令を実行していきます。たとえば、

```
ActiveCell.FormulaR1C1 = "さようなら"
```

という一文がマクロの中にありますが、このステートメントが実行されたときに、アクティブセルに「さようなら」と入力されます。

コメント

シングルクォーテーション(')で始まる文は**コメント行**です。マクロの動作とは無関係で、本文と区別するために緑で表示されます。

コメントは次のように、マクロの動作を誰が見てもわかるように説明文を添えるときなどに主に使用します。

```
Sub シートを削除する()

'2021年10月3日作成      ─①
'2022年2月15日修正      ─②

    Worksheets("見積り金額").Delete 'ワークシートを削除する─③
    Charts(1).Delete              'グラフシートを削除する─③
End Sub
```

①②がコメント行でこの2行は実行されません。もし、先頭のシングルクォーテーション(')を削除してしまうと、この2行が実行されるので、マクロはエラーが発生して動作しません。

ちなみに、③のようにコメントはステートメントの横にも書き込むことができます。

本書のサンプルブックのマクロも、注釈としてステートメントの横にコメントを記述していますので参考にしてください。

Visual Basic Editorの基礎知識

ここでは、VBEの画面構成と、マクロとは切り離せない重要な概念であるモジュールとプロジェクトについて解説します。マクロは、どんな種類のものであっても、必ずモジュールに作成します。そして、このモジュールに関する操作はVBEで行います。 ⊙[序章.xlsm] 参照

VBEを起動した直後に表示されるウィンドウ

　VBEを起動した直後に表示されるウィンドウの各名称について解説します。ここでは、「**プロジェクトエクスプローラー**」「**コードウィンドウ**」「**プロパティウィンドウ**」「**イミディエイトウィンドウ**」という名称と位置を覚えてください。

プロジェクトエクスプローラー　　　コードウィンドウ

プロパティウィンドウ　　　イミディエイトウィンドウ

✔ チェック

　それぞれの境界線にマウスポインターを合わせてウィンドウのサイズを変更することができます。

🔎 参考

　イミディエイトウィンドウが表示されていない場合には、Ctrl+Gキーを押して表示させることができます。

モジュールとは?プロジェクトとは?

プロジェクトエクスプローラーにはプロジェクトが表示されています。では、この「プロジェクト」とは一体何なのでしょうか。今からその正体を明かしますが、その前にまず、「モジュール」について触れておかなければなりません。

モジュールはマクロを記述するためのシート

マクロを作成するときにはマクロを記述するためのシートが必要になりますが、ワークシートやグラフシートではその役割は果たせません。そのために、Excelには**モジュール**と呼ばれるマクロ記述用の専用シートが用意されています。

実際に、13ページで記録したマクロは「Module1」という名前のモジュールに作成されました。すなわち、マクロはモジュールにしか作成することができないのです。

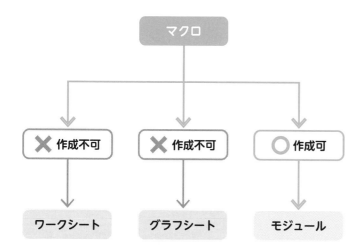

プロジェクトは標準モジュールの集まり

マクロ記録でマクロを自動作成したり、また、本書内でみなさんがVBAを記述するモジュールは、厳密には**標準モジュール**と呼ばれるものです。Excelには、標準モジュールも含めて全部で4種類のモジュールがあります。そして、この4種類のモジュールを集めて1つに束ねたものを**プロジェクト**と呼ぶのです。

これは、ワークシートとグラフシートの2種類を集めて1つに束ねたものがExcelブックであるという関係に置き換えればわかりやすいですね。

そして、プロジェクトエクスプローラーにはこのプロジェクトが表示されているわけです。

本書でマクロを記述するのは「標準モジュール」だけです。プロジェクトエクスプローラーを見ると、下図のように、「標準モジュール」以外にもワークシートやブックといった「Excelオブジェクト」が表示されていますし、前述の図のように、「ユーザーフォーム」や「クラスモジュール」というモジュールもありますが、これらはExcel VBAで多機能なアプリケーションを作成するような高度な開発をするときに使うモジュールで、本書では一切扱いません。また、みなさんも当面は学習する必要はありません。

ここでは、あくまでも、「プロジェクトは標準モジュールの集まり」と覚えて、プロジェクトエクスプローラーにその標準モジュールが表示されていることに意識を向けてください。

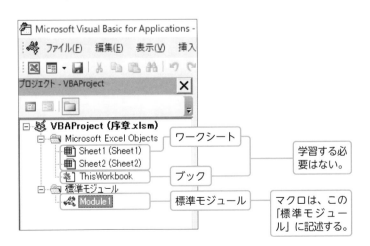

標準モジュールを挿入する

　標準モジュールは、マクロ記録を実行すると自動的に挿入されますが、手動で挿入することもできます。

　以下の手順にしたがって実際に、[序章.xlsm] に「Module2」を挿入してみましょう。

① [ユーザーフォームの挿入] ボタンの▼をクリックしてメニューを表示する。

② [標準モジュール] をクリックする。

標準モジュールが追加される。

▶ 解説動画
【序章_04】

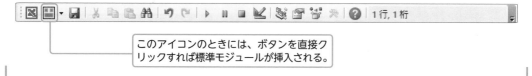

column **切り替わるボタン**

　一度、[標準モジュールの挿入] コマンドを実行すると、ツールバーボタンが標準モジュールのアイコンに変化します。

変化したら、そのボタンを直接クリックするだけで標準モジュールが挿入できます。

このアイコンのときには、ボタンを直接クリックすれば標準モジュールが挿入される。

標準モジュールを削除する

次の手順で［序章.xlsm］の「Module2」を削除してみましょう。

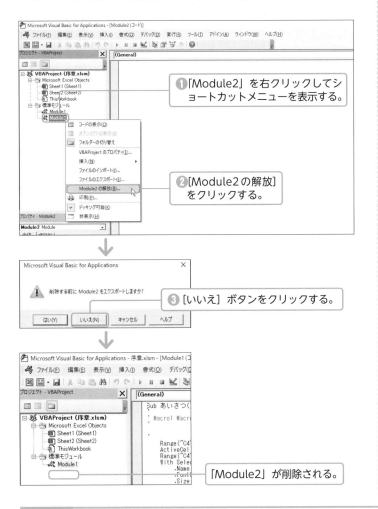

❶「Module2」を右クリックしてショートカットメニューを表示する。

❷［Module2の解放］をクリックする。

❸［いいえ］ボタンをクリックする。

「Module2」が削除される。

▶ 解説動画
【序章_05】

VBEのコードウィンドウでは、下表のように、ほとんどのWindowsアプリケーションと共通のショートカットキーを使うことができます。

上書き保存	Ctrl + S キー
切り取り	Ctrl + X キー
コピー	Ctrl + C キー
貼り付け	Ctrl + V キー
検索	Ctrl + F キー
元に戻す	Ctrl + Z キー

序 マクロ記録とVisual Basic Editor

---

column エクスポートとは？

　モジュールを削除する過程で「削除する前に（モジュールの名前）をエクスポートしますか？」とメッセージボックスが表示されますが、このエクスポートとは、標準モジュールを独立したファイルとしてハードディスクなどに保存する作業のことです。

　しかし、不要だから削除するわけですから、通常は別ファイルで保存する意味がありません。

　また、その標準モジュールに記述したマクロを保存しておきたいというケースでも、標準モジュールで文字列をコピーしてメモ帳やWordで貼り付ければ、テキストファイルやWord文書として簡単に保存できます。

　こうした理由から、標準モジュールをエクスポートする意義はほとんどありません。

エラーへの対処とイミディエイトウィンドウ

マクロが意図したとおりに動かない。このようなエラーに直面したら、その原因を突き止めてマクロを修正しなければなりません。本節では、エラーの種類を3つに分けて解説します。また、わざわざマクロを作成しなくても簡単なステートメントが即時に実行できる「イミディエイトウィンドウ」についても説明します。 ◉ [序章-2.xlsm] 参照

コンパイルエラー

コーディング中に間違った構文でステートメントを記述して入力を確定すると、自動的に**コンパイルエラー（構文エラー）**を知らせるエラーメッセージが表示され、エラーを含むステートメントは赤く表示されます。

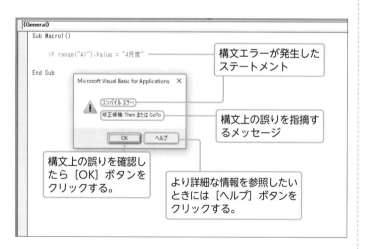

このように、VBEには構文エラーを自動的に検出する「自動構文チェック」機能が備わっています。

実行時エラー

コーディング中に発生するエラーではなく、マクロを実行したときに発生するエラーを**実行時エラー**と呼びます。

それでは、ブック内にグラフシートがないのにグラフシートを選択する、というマクロを実行して、意図的に実行時エラーを発生させてみましょう。

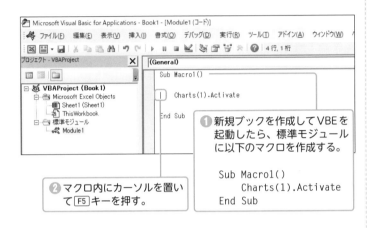

❶ 新規ブックを作成してVBEを起動したら、標準モジュールに以下のマクロを作成する。

```
Sub Macro1()
    Charts(1).Activate
End Sub
```

❷ マクロ内にカーソルを置いて F5 キーを押す。

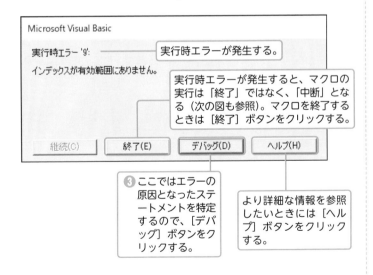

実行時エラーが発生する。

実行時エラーが発生すると、マクロの実行は「終了」ではなく、「中断」となる（次の図も参照）。マクロを終了するときは［終了］ボタンをクリックする。

❸ ここではエラーの原因となったステートメントを特定するので、［デバッグ］ボタンをクリックする。

より詳細な情報を参照したいときには［ヘルプ］ボタンをクリックする。

次ページへ

前ページから

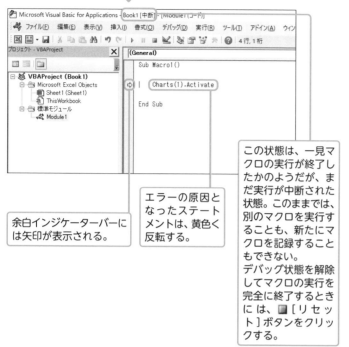

この状態は、一見マクロの実行が終了したかのようだが、まだ実行が中断された状態。このままでは、別のマクロを実行することも、新たにマクロを記録することもできない。
デバッグ状態を解除してマクロの実行を完全に終了するときには、■[リセット]ボタンをクリックする。

エラーの原因となったステートメントは、黄色く反転する。

余白インジケーターバーには矢印が表示される。

デバッグと論理エラー

　実行時エラーを知らせるダイアログボックスには[デバッグ]ボタンがあり、このボタンをクリックすると、実行時エラーの原因となったステートメントが特定できます。

　マクロの誤動作の原因となるようなエラーを、専門的に**バグ**と呼びます。そして、**デバッグ**とは、そのバグを発見して取り除く作業のことです。

　プログラミングのミスには、単純な構文エラーや実行時エラーのほかに、**論理エラー**と呼ばれるものがあります。たとえば、セルの背景色を「赤」に塗りつぶすマクロを作るつもりが、誤って「青」に塗りつぶすマクロを作ってしまっても、そのマクロは問題なく実行できます。しかし、その実行結果は期待したものではありません。これが、プログラマーの意図どおりにマクロが動かない「論理エラー」です。

［デバッグ］メニューのコマンド

　論理エラーは、決してエラーメッセージを返してはくれません。プログラマー自らがそのエラー原因を特定しなければならないのです。そこで、VBEにはプログラマーのデバッグ作業を支援するための多様なツールが［デバッグ］メニューに集められています。

　しかし、これらのコマンドは、何十・何百もの膨大なステートメントからなる複雑なマクロを作成したときなどに利用するもので、これからVBAを学習していくみなさんには、当面は利用する機会がないと思われます。

　そこで、ここでは［ブレークポイントの設定／解除］コマンドと［ステップイン］コマンドの体験を通して、デバッグ作業の雰囲気を感じ取ってもらうことにしましょう。というよりも、この2つのコマンドを使うことができれば、マクロのデバッグに関しては十分です。

❶［デバッグ］メニューをクリックする。

デバッグ用のコマンドが用意されている。

序　マクロ記録とVisual Basic Editor

035

ステップ実行でステートメントの動作を確認する

　バグを発見する一般的な方法は、疑わしいと思われる位置で
マクロの実行を中断することです。そして、それ以降のステート
メントの動作を確認しながら1ステップずつ実行していくと、
意外と簡単にバグを含むステートメントを特定できるもの
です。

　ここでは、[序章-2.xlsm]を使用して、実際にステップ実行に
よるエラーの特定作業を体験してみましょう。[序章-2.xlsm]を
開いてから、VBEを起動してください。さらに、「Module1」を
表示して「会員名簿印刷」のマクロを表示してください。

❶ メニューバーかツールバーの任意の位置を右ク
リックしてショートカットメニューを表示する。

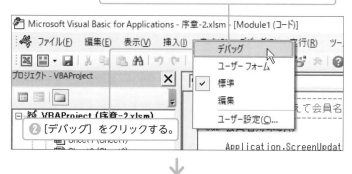

❷ [デバッグ] をクリックする。

▶ 解説動画
【序章_06】

[デバッグ] ツールバーが表示される。

❸ 余白インジケーターバーをクリック
してブレークポイントを設定する。

✔ チェック

　ブレークポイントとは、その
ステートメントに差し掛かると
マクロの実行が中断するポイン
トのことです。ブレークポイン
トが設定されると、そのステー
トメントは赤く反転します。

↓ 次ページへ

↓ 前ページから

④ マクロ内にカーソルを置いて F5 キーを押す。

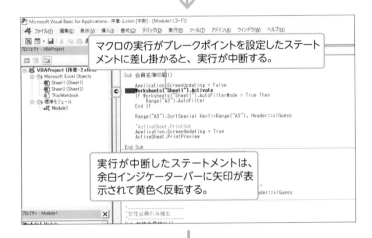

マクロの実行がブレークポイントを設定したステートメントに差し掛かると、実行が中断する。

実行が中断したステートメントは、余白インジケーターバーに矢印が表示されて黄色く反転する。

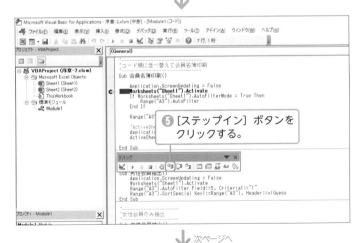

⑤ [ステップイン] ボタンをクリックする。

↓ 次ページへ

✔ チェック

[ステップイン] ボタンでフォーカスが次のステートメントに移動したら、Excel 上でその 1 つ前のステートメントが期待通りに動作したのかを確認します。そして、この作業をエラー原因が特定できるまで繰り返します。

序
マクロ記録とVisual Basic Editor

前ページから

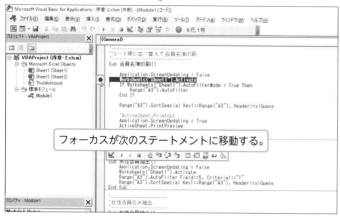

フォーカスが次のステートメントに移動する。

✔ チェック

［継続］ボタンをクリックする
と、残りのステートメントが連
続実行されます。また、［リセッ
ト］ボタンをクリックすると、マ
クロの実行が強制終了されます。

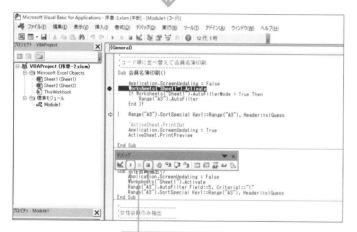

❻ エラーが特定できたら、［継続］ボタン
か、［リセット］ボタンをクリックする。

column　マクロ全体をステップ実行する

　マクロ全体をステップ実行するときには、ブレーク
ポイントを設定する必要はありません。
　F5 キーの代わりに ［ステップイン］ボタンでマクロ
を実行してください。

［ステップイン］ボタン

ブレークポイントを解除する

設定したブレークポイントは次の方法で解除することができます。

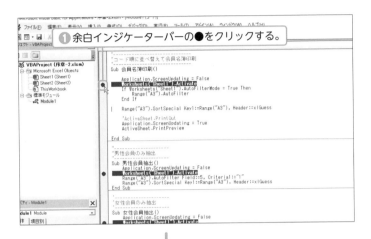

❶ 余白インジケーターバーの●をクリックする。

▶ 解説動画
【序章_07】

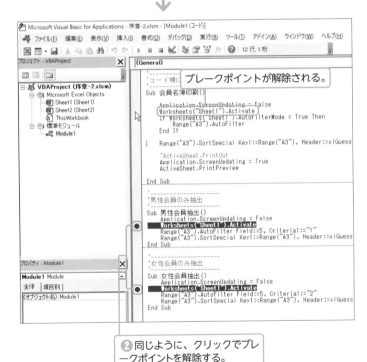

ブレークポイントが解除される。

❷ 同じように、クリックでブレークポイントを解除する。

　VBEの機能説明の最後として紹介する**イミディエイトウィ**
ンドウを使うと、わざわざマクロを作成しなくても簡単なステ
ートメントを実行することができます。したがって、マクロの実
行を中断していてマクロが作成できないようなときには、特に
重宝する機能です。

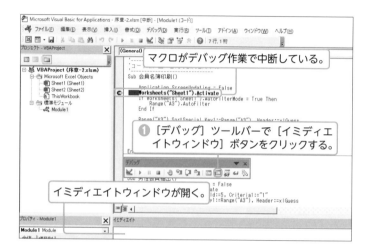

▶ 解説動画
【序章_08】

🔍 参考

[Ctrl]＋[G]キーでもイミディエイ
トウィンドウを開くことができ
ます。

　では次に、イミディエイトウィンドウで実際にステートメン
トを実行してみましょう。

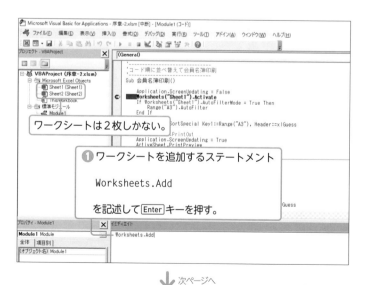

↓ 次ページへ

↓ 前ページから

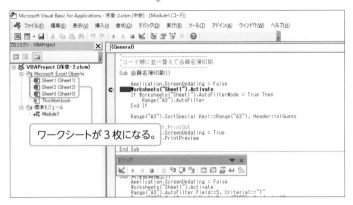

ワークシートが3枚になる。

また、ブック内のシート名などの結果を求めるときには、「?」というキーワードを使います。

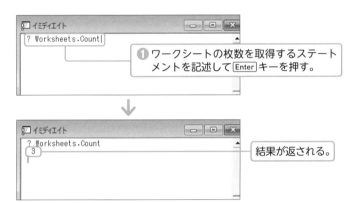

❶ ワークシートの枚数を取得するステートメントを記述して[Enter]キーを押す。

結果が返される。

■ 解説動画
【序章_09】

「?」の代わりに「Print」というキーワードを使っても結果を得ることができます。

「Print」でも結果が返される。

なお、イミディエイトウィンドウに出力された結果を消去するときには、[Ctrl]+[A]キーですべての文字列を選択してから[Delete]キーを押してください。

練習問題

次の問題を解きなさい。解答は、巻末の270ページを参照のこと。

問題序-1

次の文章が正しいか間違いかを答えなさい。

ヒント
20ページ参照

Alt + F11 キーを押すと Excel と VBE の表示を切り替えることができるが、VBE を起動することはできない。

問題序-2

次の文章が正しいか間違いかを答えなさい。

ヒント
15ページ参照

「マクロの記録」機能で作成できるマクロは、セルに文字を入力したり、セルに書式設定を設定したりするものだけである。

問題序-3

次の文章の①と②に入る単語を答えなさい。

ヒント
28ページ参照

標準モジュールを1つに束ねたものを（①）と呼び、（①）は VBE の（②）に表示されている。

1章

VBAの基本構文を
理解しよう

マクロ記録はとても強力な機能ですが、マクロ記録ではカバーできないマクロはVBAの知識で作らなければなりません。本章ではVBAの基本的な構文を解説します。難しそうに感じるかもしれませんが、自動車という身近な例にたとえて徹底的にわかりやすく説明しますので、どうか安心して楽しみながら基本構文をマスターしてください。

マクロ記録の限界

マクロ記録は、Excelのほとんどの操作をマクロに変換してくれる驚異的なツールですが、残念ながら万能ではありません。マクロ記録では何ができないのか。VBAを効率よく学習するためにも、ここではマクロ記録の主な欠点を4つ簡潔に紹介します。

無駄な操作が記録される

次のマクロは、「セルC3 にデータを入力する」操作をマクロ記録したものです。

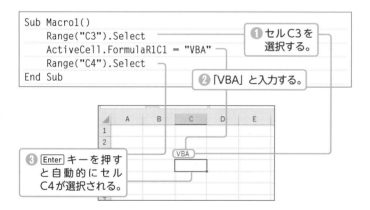

```
Sub Macro1()
    Range("C3").Select          ──①セルC3を
    ActiveCell.FormulaR1C1 = "VBA"    選択する。
    Range("C4").Select
End Sub                        ②「VBA」と入力する。
```

③ Enter キーを押すと自動的にセルC4が選択される。

これは実に無駄の多いマクロです。なぜなら、VBAでは次の1つのステートメントでセルにデータを入力できるからです。

```
Sub Macro1()
    Range("C3").Value = "VBA"
End Sub
```

VBAを学習すると、このように無駄のないスマートなマクロが記述できるようになります。無駄な記述をする。これがマクロの記録の限界の1つです。

デフォルト値が記録される

次のマクロは、序章で記録したマクロからの抜粋です。

```
Sub Macro1()
        With Selection.Font
            .Name = "MS ゴシック"
            .FontStyle = "斜体"
            .Size = 20
            .Strikethrough = False
            .Superscript = False
            .Subscript = False
            .OutlineFont = False
            .Shadow = False
            .Underline = xlUnderlineStyleNone
            .ThemeColor = xlThemeColorLight1
            .TintAndShade = 0
            .ThemeFont = xlThemeFontNone
        End With
End Sub
```

実際にあなたがダイアログボックスで設定した項目がマクロ記録されたステートメント。

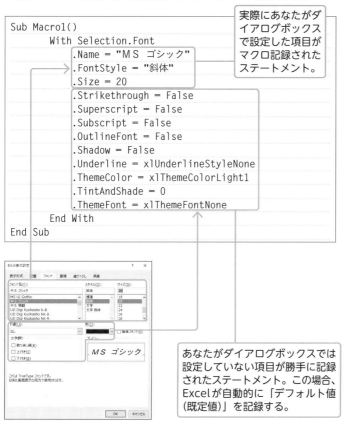

あなたがダイアログボックスでは設定していない項目が勝手に記録されたステートメント。この場合、Excelが自動的に「デフォルト値（既定値）」を記録する。

デフォルト値は省略することができます。デフォルト値を削除すると、次のように読みやすく処理の速いマクロになります。

```
Sub Macro1()
        With Selection.Font
            .Name = "MS ゴシック"
            .FontStyle = "斜体"
            .Size = 20
        End With
End Sub
```

デフォルト値まで記録してしまうこの問題は、ほとんどのダイアログボックスを設定するときに発生するマクロ記録の弱点であり、またマクロ記録の限界でもあります。

参考

このようにマクロを整理する方法は3章で解説します。

1

VBAの基本構文を理解しよう

汎用性のあるマクロが作成できない

オートフィルターを使って特定の日付、たとえば「2021/5/20以前」の売上データを抽出するマクロはマクロ記録で作成できます。

しかし、毎回ユーザーが任意の日付でデータを抽出できる、いわゆる対話型のマクロは、マクロ記録だけではとても作成できません。VBAに関する知識が要求される場面です。

🔍 参考

このような対話型のマクロについては7章で解説します。

このような対話型の汎用性のあるマクロは、マクロ記録では作成できない。

条件分岐や繰り返しを行うマクロが作成できない

マクロを使うと、「もし～だったら、～という処理を実行する」という**条件分岐**や、あるセル範囲に対して「同一処理を～回行う」という**繰り返し（ループ）**が可能になります。

しかし、こうした条件判断や繰り返しを行うマクロは、マクロ記録では作成できません。VBAでマクロの実行を制御する方法について学習しなければなりません。

🔍 参考

本書では条件分岐については5章、繰り返し処理については6章で解説します。

VBAの基本用語と基本構文

ではVBAの学習を始めましょう。最初にVBAの基本用語と基本構文について解説しますが、「自動車」というとても身近な例に置き換えて解説しますので、難しいことはなにもありません。不安を取り除いて楽しく読み進めてください。

Excelの部品＝オブジェクト

Excelを起動したら、普通は次のような作業を行います。

① **ブック** を開く

② **シート** を表示する

③ **セル** にデータを入力する

このように、私たちが「Excelを使う」ときには、ブックやシートやセルなどの「Excelを構成しているモノ」、言い換えれば「Excelの部品」を操作しているわけです。そして、VBAではこの「Excelの部品」のことを**オブジェクト**と呼びます。

自動車がボディー、タイヤ、エンジンなどのオブジェクト（部品）から構成されているように、Excelもさまざまなオブジェクトの集合体なのです。

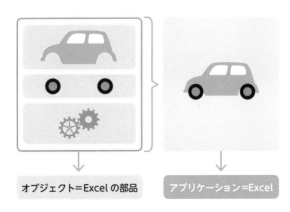

オブジェクト＝Excelの部品   アプリケーション＝Excel

練習問題

問題 1-2-1

次の①に入る言葉をカタカナで正確に答えなさい。解答は、巻末の270ページを参照のこと。

ヒント
47ページ参照

VBAとは、ユーザーの代わりにExcelの（①）を操作するプログラミング言語である。

オブジェクトの特徴＝プロパティ

少し、自動車を思い浮かべてください。たとえば、自動車には下表のような特徴がありますね。

自動車の場合

特徴	値
名前	ヤリス
車体の全長	3940mm
ボディーの色	シルバー

この自動車の場合と同じく、Excelのオブジェクトにも下表のようなさまざまな特徴があります。

Excelの場合

特徴	値
シートの名前	Sheet1
セル幅	72ピクセル
フォントの色	赤

このようなExcelのオブジェクトの「特徴」のことを**プロパティ**と呼びます。そして、以下に述べるように、VBAでマクロを作ると、オブジェクトのプロパティの値を調べたり、変更したりすることができるのです。

プロパティの値を調べる

では早速、オブジェクトのプロパティの値を取得する構文をご紹介しましょう。その構文は以下のとおりです。

VBAの基本構文〈その1〉 プロパティの値を取得する構文

変数 = オブジェクト.プロパティ

半角のスペース

ここで、「取得する」と「変数」という聞き慣れない用語が2つ出てきました。

まず、**取得する**ですが、これはオブジェクトの特徴を調べて、その調査結果を紙に記入する作業だと考えてください。

そして、もう1つの**変数**ですが、ここでは理解する必要はありません。取得したオブジェクトのプロパティの値を入れておく「箱」だと思ってください。

では、この構文を使った例を2つ紹介します。ただし、最初は自動車という架空のアプリケーションが題材です。「自動車のボディーの色を調べて用紙に記入する」という作業をこの構文に当てはめれば、きっと次のようなステートメントになるでしょう。

```
Paper = Body.Color
```

もしボディーの色がシルバーならば、この構文によって用紙には「シルバー」と記入されます。

それでは次に、実際のExcelのオブジェクトを題材にしましょう。今度は本当に動くマクロです。たとえばですが、VBAを使ってワークシート名を調べる、つまりワークシートの**Nameプロパティ**の値を取得するときには、次のように記述します。

```
myName = Worksheets(1).Name
```

変数　オブジェクト　プロパティ

🔍 参考

変数については4章で詳しく解説します。

「Worksheets（1）」は、「1番左のワークシート」を意味するオブジェクトです。そして、そのNameプロパティを調べれば、その名前が取得できます。

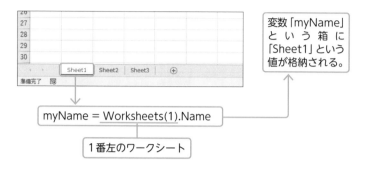

プロパティの値を変更する

今度は、オブジェクトのプロパティの値を変更するVBAの基本構文です。

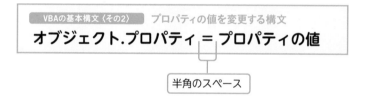

ここでも、自動車とワークシートの登場です。

「自動車のボディーの色を変更する」という作業をこの構文に当てはめると次のようになります。

```
Body.Color = "Red"
```

これで、ボディーの色は赤に変わります。

一方、現実のVBAの構文でワークシート名を変更するときには、次のように記述します。今度は本当に動くマクロです。

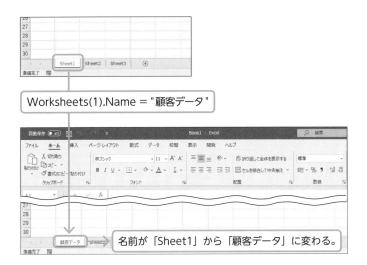

Worksheets(1).Name = "顧客データ"

名前が「Sheet1」から「顧客データ」に変わる。

練習問題

問題 1-2-2

次の①と②に入る言葉を漢字2文字で答えなさい。解答は、巻末の270ページを参照のこと。

変数 = オブジェクト.プロパティ

は、プロパティの値を (①) する VBA の基本構文である。

ヒント

49ページ参照

オブジェクト.プロパティ = プロパティの値

は、プロパティの値を (②) する VBA の基本構文である。

ヒント

50ページ参照

オブジェクトを操作する＝メソッド

エンジンという自動車のオブジェクトの場合には、スタートしたりストップすることができます。これは自動車の例ですが、この「スタート」や「ストップ」のように、VBAがオブジェクトに対して実行できる操作を**メソッド**と呼びます。

現実のVBAでは、ワークシートというExcelのオブジェクトを追加したり削除したりできますが、この「追加」や「削除」のような操作をメソッドと呼ぶのです。

メソッドの構文

VBAは、次の構文でメソッドを使ってオブジェクトを操作します。

VBAの基本構文〈その3〉 メソッドでオブジェクトを操作する構文

オブジェクト.メソッド

それでは、自動車のエンジンをスタートするという架空のVBA構文を見てください。

```
Engine.Start
```

これで、あとはアクセルを踏めばこの自動車は走り出します。

一方、次の例は、**Delete メソッド**を使ってワークシートを削除する現実のVBA構文です。

```
Worksheets(1).Delete
```

オブジェクト　メソッド

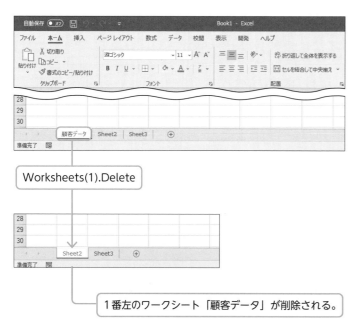

Worksheets(1).Delete

1番左のワークシート「顧客データ」が削除される。

メソッドの動作を細かく指示する

　いま見たように、メソッドの構文は極めてシンプルですが、メソッドの種類やマクロを実行する状況によっては、もう少し複雑なものになります。

　たとえば、「アクセル」というオブジェクトと「踏む」というメソッドを考えた場合、「アクセルを踏みなさい」だけでは命令としては不十分です。実際には、「スピードが50Km/hになるようにアクセルを踏みなさい」と命令しなければなりません。

　このように、メソッドに対して「何を（スピードを）」「どのように（50Km/hに）」とより細かな指示をするときには、メソッドの後ろに**引数（ひきすう）**を付け加えます。

```
VBAの基本構文〈その4〉　　引数を使ってメソッドの動作を細かく指示する構文
```

オブジェクト.メソッド 引数

　　　　　　　　　　　└── 半角のスペース

　次は、「スピードが50Km/hになるようアクセルを踏みなさい」という架空のVBA構文です。

```
Accelerator.Step Speed:=50
```
　　　　　　　　　　　└── 引数

　今度は、現実世界でワークシートを追加する場合を考えてみましょう。普通に追加したときには、ワークシートはアクティブシートの右に挿入されますが、次のVBA構文では「2番目のシートの左に」と、細かな指示を与えてワークシートを挿入しています。

```
Worksheets.Add Before:=Worksheets(2)
```

| オブジェクト | メソッド | 引数 |

「Before:=Worksheets(2)」の引数が、「2番目のワークシートの左に」という指示を**Add**メソッドに与えている。

1 VBAの基本構文を理解しよう

053

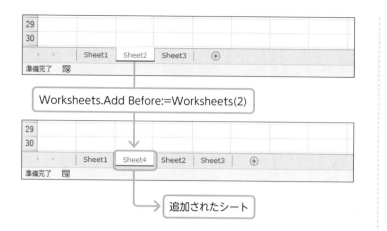

Worksheets.Add Before:=Worksheets(2)

追加されたシート

column オブジェクト、プロパティ、メソッド以外のキーワード

VBAは、Excelのオブジェクトを操作するプログラミング言語です。ここまで、4つの基本構文を紹介しながら、VBAとはオブジェクト、プロパティ、メソッドの各キーワードを組み合わせて命令を実行するプログラミング言語であることを説明してきました。

しかし、VBAのキーワードはこれですべてではありません。その他にも、四則演算などの計算をする「演算子」や、文字列抽出や日付処理などを行う「VBA関数」、条件判断などをする「ステートメント」が用意されています。

本書では、これらのキーワードについては第5章以降で解説しています。

練習問題

問題 1-2-3

次のステートメントを参考に、「3枚目」のワークシートの「右」にワークシートを追加するステートメントを考えなさい。解答は、巻末の270ページを参照のこと。

Worksheets.Add Before:=Worksheets(2)

 ヒント

「左」に追加する場合は、「前」に追加するので引数に「Before」を使います。同様に、「右」に追加するとは、「後ろ」に追加することです。そう考えれば、引数に指定するキーワードがわかりますね。

1-03

オブジェクトの親子関係

Excelのオブジェクトは階層構造になっています。たとえば、ワークシートはセルの上に位置する「親」のような存在です。そして、ブックはさらにそのワークシートより上に位置する「親」のような存在です。

Excel オブジェクトの階層構造

　セルというオブジェクトに注目してみましょう。セルは、ワークシート上に存在します。グラフシート上には存在しません。これは、セルというオブジェクトが、ワークシートというオブジェクトに属していることを意味します。両者を親子関係にたとえれば、ワークシートが「親」でセルがその「子」です。

　また、このワークシートにも「親」があります。ブックがそれです。ワークシートは必ずブック上に存在するからです。

　このように、Excelのオブジェクト同士は階層的につながっているのです。

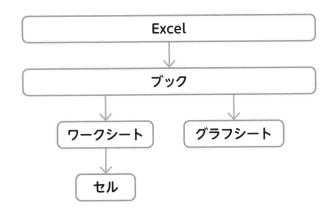

1

VBAの基本構文を理解しよう

　たとえば、A車とB車の2台の自動車があり、ドライバーはA車に乗っているとします。その状況であなたが「エンジンをスタートしなさい」と命令すれば、ドライバーは迷わずA車のエンジンをスタートするでしょう。

`Engine.Start`	→	A車のエンジンをスタートする

　もし、B車のエンジンをスタートさせたければ、「B車のエンジンをスタートしなさい」と命令しなければなりません。

`Cars("B").Engine.Start`	→	B車のエンジンをスタートする

自動車名

それでは、Excelに話を戻しましょう。

```
Range("A1").Value = "VBA"
```

これは、セルA1に「VBA」と入力するステートメントですが、この命令によって文字が入力されるのは「どのワークシート」のセルA1でしょうか。

答えは「アクティブシートのセルA1」です。

言いたいことはわかりますね。別の自動車のエンジンをスタートさせたければ、エンジンの前に自動車名を指定しなければならなかったように、別のワークシート（アクティブではないワークシート）のセルに文字を入力したければ、ブック名やワークシート名をセルの前に指定する必要があるのです。

次の例は、「Book1.xlsmのSheet1のセルA1」にデータを入力します。

先ほど、Excelのオブジェクトは階層構造になっていると述べましたが、この例文のように**親オブジェクト**を指定すると、1つのステートメントで別のブックの別のシートのセルにデータを入力できるのです。

point　本書でのステートメントの表示について

　本書では、上記の「(1) 親オブジェクトを指定したステートメント」のように、紙面スペースの関係上、1行のステートメントでも、改行して記載しているところもありますが、行を示す下線を目安に読み進めてください。

ここが、VBAの優れている点です。ユーザー操作では、アクティブではないシートにデータを直接入力することはできません。ちなみに、(1)のステートメントを親オブジェクトを指定せずにプログラミングする場合には、次のように目的のブックとワークシートをまずアクティブにしなければなりません。

(2)　親オブジェクトを指定しないステートメント

```
Workbooks("Book1.xlsm").Activate
　　─①目的のブックをアクティブにする
Worksheets("Sheet1").Activate
　　─②目的のシートをアクティブにする
Range("A1").Value = "VBA"
　　─③セルにデータを入力する
```

■ 練習問題

問題 1-3

　次の文章が正しいか間違いかを答えなさい。解答は、巻末の271ページを参照のこと。

57ページ参照

```
Workbooks("Book1.xlsm").Worksheets("Sheet1").
Range("A1").Value = "VBA"
```

　というステートメントを実行すれば、「Book1.xlsm」の「Sheet1」がアクティブでなくてもセルA1に「VBA」と入力できるが、このとき「Book1.xlsm」は開いていなくてもよい。

1-04

複数のオブジェクトを同時に操作する

VBAは「コレクション」と呼ばれる「オブジェクトの集合体」を扱うことができます。若干難しい説明になりますが、コレクションを理解すればVBAの基本文法もおしまいです。わかりやすく丁寧に解説しますので、安心して基本文法の総仕上げをしてください。

オブジェクトの集合体＝コレクション

　複数のブックを開いているときに、[Shift]キーを押しながら[閉じる]ボタンをクリックすると、すべてのブックを1回の操作で閉じることができます。これは、ブック単体に対してではなく、「開いているブックすべて」という集合体に対しての操作です。

　同様に、VBAでも同じ種類のオブジェクトの集合体を扱うことができます。そして、この集合体のことを**コレクション**と呼びます。

　たとえば、**Workbookオブジェクト**の集合体は、**Workbooks コレクション**になります。

Workbooksコレクション

Workbook
オブジェクト

Workbook
オブジェクト

Workbook
オブジェクト

1

VBAの基本構文を理解しよう

059

同様に、**Worksheet オブジェクト**の集合体は **Worksheets コレクション**になります。

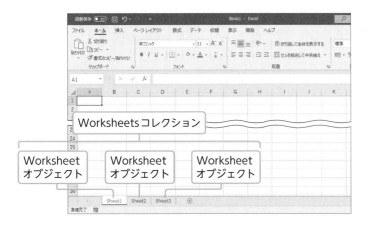

すべてのブックと 1 つのブックを閉じる

では、コレクションを操作するマクロを見てみましょう。

次は、すべてのブック（Workbooks コレクション）を一度に閉じるマクロです。

```
Workbooks.Close
```

とても簡単ですね。

では今度は、最初に開いたブック（Workbook オブジェクト）を閉じるマクロを見てみましょう。

いかがですか。実は、VBAの入門者の大半がここで一度つまずくのです。「最初に開いたブック」は、1つしか存在しません。つまりオブジェクトです。コレクションではありません。そこで、多くの人は次のようなステートメントを頭に思い描くのです。

(2) 間違ったステートメント

```
Workbook(1).Close
```

| 「Workbook」という単数形で1つのオブジェクトを参照しようとしている。 | ＋ | インデックス番号を使って、元々1つしかないオブジェクトの中の「1番目」のオブジェクトを特定しようとしている。 | ≠ | 結果的に「Workbookオブジェクト」を操作することができない。 |

　(1) の正しいステートメントは、「Workbooks」と複数形を使っています。一方、(2) の間違っているステートメントでは、「Workbook」と単数形を使っています。この場合、閉じようとしているブックは1つですから、(2) の単数形を使いたくなります。

　しかし、ここは次のように発想を転換してください。(1) のステートメントでは、「Workbooks」というキーワードに「1」という**インデックス番号**を指定しています。その結果、「Workbooksコレクション（開いているブック全体）」の中から、「最初に開いたブック」という「単体のWorkbookオブジェクト」を特定しているのです。これが、VBA流のオブジェクトの特定方法なのです。

| コレクション | ＋ | インデックス番号 | ＝ | 単体のオブジェクト |

プロパティのもう 1 つの役割

　コレクションとオブジェクトに関する解説は以上です。あとは、実践を積みながら理解を深めていってください。最後に、今後本書を読み進める上でみなさんが混乱しないよう、1つ補足をしておきます。

たとえば、「Workbooks」という用語が「Workbooksコレクション」のことであることはすでに理解していますね。

　しかし、VBAの世界では、**Workbooksプロパティ**という表現が登場します。では、この「Workbooksプロパティ」とは一体何なのでしょうか。

　実は、VBAでは、**「Workbooks」のようなコレクションを特定するためのキーワードはプロパティに分類されています。**

　つまり、次のように「Workbooksプロパティに引数（次のステートメントでは「1」というインデックス番号）を指定すると、Workbookオブジェクトが特定できる」というわけです。

　もちろん、プロパティというのは、本来はフォントの色とかセルの幅などのオブジェクトの特徴のことです。ただ、プログラミング言語の世界では、キーワードは必ず「何か」に分類されていなければ都合が悪いので、コレクションを特定するための「Workbooks」のようなキーワードは、VBAではプロパティに分類されています。

　この点に関しては、「なぜ？」と考えてもしかたがありませんし、実践を積んでいくうちに必ず気にならなくなりますので、みなさんもこの件に関してはあまり意識しないほうがいいでしょう。

　ちなみに、本書で今後登場するCellsや、ActiveCell、Offsetといった「セルというオブジェクトを特定するキーワード」を「Cellsプロパティ」「ActiveCellプロパティ」「Offsetプロパティ」と記述しているのもこうした理由によるものです。

ブックとシートをVBAで操作しよう

では、いよいよVBAの本格的な学習に入ります。最初に取り上げるのはブックとシートです。みなさんも、Excelの操作を学習するときに、いきなりセルに数式を入力するところからスタートしたわけではないと思います。まず理解すべきはブックとシートであり、この学習手順はVBAでマクロを作る場合にも当てはまります。

2-01

ブックを開く／閉じる

ブックを開くときには、保存場所をブック名に含めて開く方法と、あらかじめカレントフォルダーを変更してから、そのカレントフォルダーにあるブックを開く方法の2種類があります。

◎[2章-1.xlsm] 参照

保存場所を特定してブックを開く

ブックを開くときには、Workbooksコレクションに対して**Openメソッド**を使います。

次のマクロは、「C:¥Excel2019VBA」フォルダーの［Dummy.xlsx］を開きます。

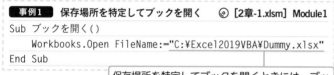

事例1 保存場所を特定してブックを開く ◎[2章-1.xlsm] Module1

```
Sub ブックを開く()
    Workbooks.Open FileName:="C:¥Excel2019VBA¥Dummy.xlsx"
End Sub
```

保存場所を特定してブックを開くときには、ブック名の前にドライブ名とフォルダー名を指定する。

▶ 解説動画
【2章_01】(事例1)

カレントフォルダーのブックを開く

カレントフォルダーとは、現在選択されているフォルダーのことで、Excelの操作では、［ファイルを開く］ダイアログボックスに表示されているフォルダーのことです。

ここに表示されているフォルダーがカレントフォルダー。

✔ チェック

同様に、現在選択されているドライブを**カレントドライブ**と呼びます。

カレントフォルダーに保存されているブックを開くときには、ドライブやフォルダー名を省略できます。次のマクロはカレントフォルダーの［Dummy.xlsx］を開きます。

事例2 カレントフォルダーのブックを開く ◎ 【2章-1.xlsm】Module1

```
Sub ブックを開く2()
    ChDrive "C"
    ChDir "C:¥Excel2019VBA"

    Workbooks.Open FileName:="Dummy.xlsx"
End Sub
```

> カレントフォルダーのブックを開くときには、ドライブ名やフォルダー名を指定する必要はない。

▶解説動画
【2章_02】(事例2)

　ChDriveは、カレントドライブを変更するキーワードで、ここではCドライブをカレントドライブにしています。

　また、**ChDir**はカレントフォルダーを変更するキーワードで、ここでは「C:¥Excel2019VBA」フォルダーをカレントフォルダーにしています。

　この2つのキーワードはここで覚えてしまってください。

---

column　名前付き引数と標準引数

　事例2のステートメントを見てください。

　Openメソッドの引数にファイル名を指定してブックを開いていますが、このステートメントは次のように記述することもできます。

```
    Workbooks.Open "Dummy.xlsx"  ―②
```
← 標準引数

　①では、「FileName:=」と、引数の役割を連想できる引数名を記述して、そこに値 "Dummy.xlsx" を代入しています。このような引数の使用法を**名前付き引数**と呼びます。なお、引数名は決められた引数名を記述してください。勝手に作った引数名を使っても、そのマクロを実行することはできません。

　一方、②では、「FileName:=」という引数名を省略して、Openメソッドのすぐあとに引数の値を指定しています。このような引数の使用法を**標準引数**と呼びます。

　本書では、状況に応じて名前付き引数と標準引数を使い分けています。

2
ブックとシートをVBAで操作しよう

ブックに変更が加えられていると、閉じるときに保存確認メッセージが表示されます。

変更したのに上書き保存していないと、確認メッセージが表示される。

しかし、VBAを使うと、この確認メッセージを表示せずに変更が加えられたブックを閉じることができます。

```
事例3   ブックを保存して閉じる        [2章-1.xlsm] Module1
Sub ブックを閉じる()
        Application.DisplayAlerts = False        ─①

        Workbooks("Dummy.xlsx").Close SaveChanges:=True  ─②

        Application.DisplayAlerts = True         ─③
End Sub
```

DisplayAlertsプロパティの値をTrueに戻す。

警告メッセージを表示しないようにする。

解説動画
【2章_03】（事例3）

注意

事例3のマクロは、[Dummy.xlsx]を開いてから実行してください。

最初に②のステートメントに注目してください。

確認メッセージを表示せずにブックを閉じるときには、**Closeメソッド**に引数「SaveChanges」を指定します。

そして、このマクロのように引数にTrueを指定すると、ブックは自動的に保存されて閉じられます。

逆に、引数にFalseを指定すると、ブックは保存されずに閉じられます。

なお、この「SaveChanges:=」を省略して、名前付き引数ではなく標準引数で記述しても構いません。

従来は、事例3の②のステートメントだけでメッセージを非表示にすることができましたが、Windows10 + Microsoft365の筆者の環境では、2020年8月以降、次のようなメッセージが表示されるケースが出てきました。

　このメッセージも当然表示したくありませんので、その場合には①のようにDisplayAlertsプロパティにFalseを指定します。

　これは、「警告や確認メッセージを非表示にしなさい」という意味で、さまざまな警告・確認メッセージを非表示にすることができます。

　そして、このDisplayAlertsプロパティの値はマクロの実行が終わると自動的にTrueに戻りますが、みなさんは事例3の③のステートメントのように必ずマクロの中でTrueに戻すようにしてください。

　マクロの実行が終わると自動的にTrueに戻るというのはあくまでも現在のVBAの仕様で、今後のバージョンアップのときに自動的にTrueに戻らなくなるように仕様が変更される可能性は十分にあります。

　また、プロパティの値をマクロの最後に既定値に戻すのは、VBAの作法だと考えてください。

2-02

ワークシートの印刷プレビューを実行する

Excel2007以降では、クイックアクセスツールバーを変更しない限り、マクロ記録で印刷プレビューを記録することができなくなりました。そこで、ここではワークシートの印刷プレビューを実行する方法について学習します。

[2章-2.xlsm] 参照

印刷プレビューを実行する

　Excel2007以降では、[印刷] と [印刷の設定] と [印刷プレビュー] を1つの画面で管理するようになりました。その結果、クイックアクセスツールバーを変更しない限り、マクロ記録で印刷プレビューを記録することができなくなりました。

　ワークシートの印刷プレビューを実行するときには、次のように**PrintPreview**メソッドを使います。

事例4 印刷プレビューを表示する　　　◎ [2章-2.xlsm] Module1

```
Sub 印刷プレビューを表示する()
    Worksheets("売上台帳").PrintPreview
End Sub
```

　このマクロを実行すると、次のような印刷プレビュー画面が表示されます。

▶ 解説動画
【2章_04】(事例4)

ちなみに、マクロの記録で作成できますが、印刷プレビューではなく、印刷するときには、次のように**PrintOut**メソッドを使います。

```
Worksheets("売上台帳").PrintOut
```

2-03

ワークシートを削除する

ワークシートはDeleteメソッドで削除できますが、ここではワークシートを削除するときに表示される「シートの削除確認」のメッセージを表示せずにワークシートを削除する方法を取り上げます。

◎[2章-2.xlsm]参照

確認メッセージを表示せずにワークシートを削除する

　すでにデータが入力されているワークシートを削除しようとすると、次の「シートの削除確認」のメッセージが表示されます。

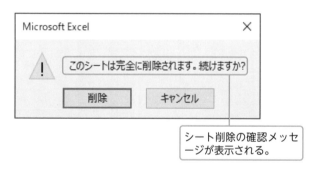

> シート削除の確認メッセージが表示される。

　しかし、VBAを使うと、このメッセージを表示せずにワークシートを削除することができます。

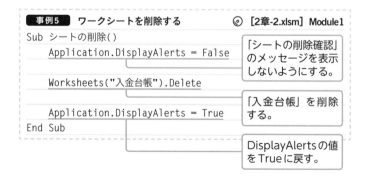

| 事例5　ワークシートを削除する | ◎[2章-2.xlsm]Module1 |

```
Sub シートの削除()
    Application.DisplayAlerts = False

    Worksheets("入金台帳").Delete

    Application.DisplayAlerts = True
End Sub
```

> 「シートの削除確認」のメッセージを表示しないようにする。

> 「入金台帳」を削除する。

> DisplayAlertsの値をTrueに戻す。

▶解説動画
【2章_05】（事例5）

問題 2-3

　確認・警告メッセージを非表示にするDisplayAlertsプロパティですが、では、マクロを含むブックを開いたときに表示される「セキュリティの警告」メッセージをDisplayAltertsプロパティを使って非表示にできるかを答えなさい。解答は、巻末の271ページを参照のこと。

 ヒント

「セキュリティの警告」メッセージが表示されるのと、DisplayAlertsプロパティを使ったマクロと、どちらが先に実行されるかを考えましょう。

2-04

ワークシートを表示／非表示にする

みなさんは、非表示にしたシートは必ず再表示できると思っていませんか。しかし、VBAを使うと、ユーザーが再表示できないようにシートを隠すことができるのです。その方法をご紹介しましょう。

◎[2章-2.xlsm]参照

ワークシートを非表示にする

次のマクロは、「Sheet2」を非表示にするものです。**Visibleプロパティ**に xlSheetHidden を代入しています。

```
Sub シートの非表示()
    Worksheets("Sheet2").Visible = xlSheetHidden
End Sub
```

こうして非表示になったワークシートは、ユーザー操作では次の手順で再表示できます。

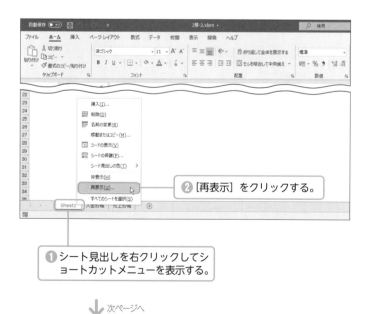

❷[再表示]をクリックする。

❶シート見出しを右クリックしてショートカットメニューを表示する。

↓次ページへ

前ページから

③ 表示するワークシートを選択する。

④ [OK] ボタンをクリックする。

「Sheet2」が再表示される。

　一方、次のマクロも「Sheet2」を非表示にするものですが、このマクロを実行すると、ユーザー操作ではワークシートを再表示することはできません。

事例6　ワークシートを非表示にする　◎ [2章-2.xlsm] Module1

```
Sub シートの非表示()
    Worksheets("Sheet2").Visible = xlSheetVeryHidden
End Sub
```

▶ 解説動画
【2章_06】（事例6）

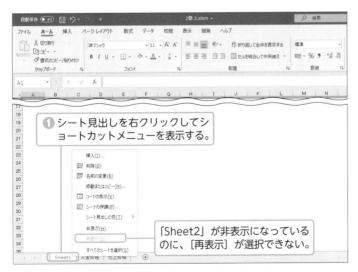

① シート見出しを右クリックしてショートカットメニューを表示する。

「Sheet2」が非表示になっているのに、[再表示] が選択できない。

　xlSheetVeryHiddenによって非表示になったシートは、次に解説するようにマクロでなければ再表示はできません。

ワークシートを再表示する

ワークシートを再表示するときには、**Visible プロパティ**に xlSheetVisible を指定します。

```
事例7  ワークシートを再表示する        ◎ [2章-2.xlsm] Module1
Sub シートの再表示()
    Worksheets("Sheet2").Visible = xlSheetVisible
End Sub
```

▶ 解説動画
【2章_07】（事例7）

ユーザー操作では再表示できなかった「Sheet2」が再表示される。

練習問題

問題 2-4

次の（　）に入るものを①、②、③の数字で答えなさい。解答は、巻末の 271 ページを参照のこと。

● ワークシートをユーザー操作で再表示できるように非表示にするときには、Visible プロパティに（A）を代入する。

● ワークシートをユーザー操作では再表示できないように非表示にするときには、Visible プロパティに（B）を代入する。

● 非表示のワークシートを再表示するときには、Visible プロパティに（C）を代入する。

① xlSheetVisible
② xlSheetHidden
③ xlSheetVeryHidden

ヒント
72ページ参照

ヒント
73ページ参照

ヒント
74ページ参照

入力候補を活用する

VBE には**入力候補**と呼ばれる機能があります。

これは、マクロで使うキーワードの一部を入力すると、キーワードを一覧で表示してくれる機能で、入力候補を活用するとコーディングの効率が著しく向上します。

その入力候補は、Ctrl＋Space キーを押すと利用できます。

試しに「msg」と入力して Ctrl＋Space キーを押してみてください。マクロで頻繁に使用されるメッセージボックスを表示する「MsgBox」というキーワードが瞬時に入力されます。

ちなみに、マクロでもっともよく使うセルを意味する「Range」も、「r」と入力して Ctrl＋Space キーを押すと一覧の中から選択できます。

そして、今回登場した「xlSheetHidden」のようなスペルが長いキーワードのときは、ぜひとも入力候補を活用してください。

「xlSheetHidden」でしたら、「xlsh」と最初の4文字程度入力して Ctrl＋Space キーを押すと、すぐに一覧の中から選択することができます。

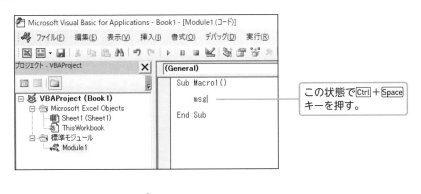

この状態で Ctrl＋Space キーを押す。

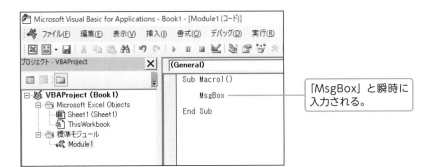

「MsgBox」と瞬時に入力される。

2-05

シートを扱うときの注意点

VBAでは、「Worksheets」でワークシートを、「Charts」でグラフシートを特定しますが、そのほかに、シートの種類を問わない「Sheetsコレクション」という考え方があります。本節では、この「Sheetsコレクション」について学びます。

[2章-2.xlsm] 参照

Sheets コレクションの正体

Excelには**Sheetsプロパティ**というキーワードがあるのですが、結論から言うと、Sheetsプロパティはワークシート（Worksheetオブジェクト）とグラフシート（Chartオブジェクト）の「2つのシートの種類」を区別しないので、Sheetsプロパティは使用しないことを推奨します。

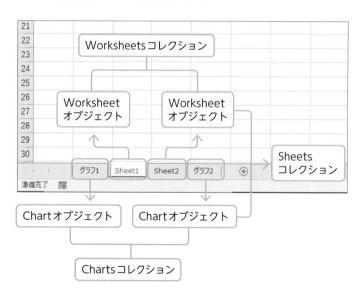

では、以下の例でそのことを実感してください。

Worksheets プロパティで削除する例

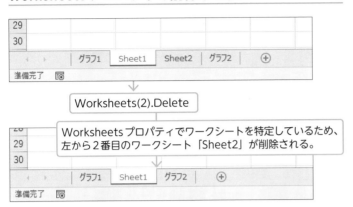

Charts プロパティで削除する例

Sheets プロパティで削除する例

練習問題

問題 2-5

　ワークシートとグラフシートが次の図のような状態のときに、①、②、③それぞれのマクロで削除されるシートを答えなさい。解答は、巻末の271ページを参照のこと。

ヒント

77ページ参照

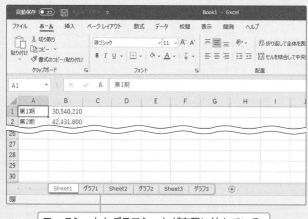

ワークシートとグラフシートが交互に並んでいる。

① Worksheets(3).Delete

② Charts(3).Delete

③ Sheets(3).Delete

セルを
VBAで操作しよう

本章ではセルを扱います。「セル」ですから、VBAには「Cell
オブジェクト」や「Cellsコレクション」があると思いがちで
すが、実はVBAでは「Rangeオブジェクト」でセルを操作し
ます。ちなみに、「Rangesコレクション」はありません。こ
うした点を中心にVBAでセルを操作する方法を学習してい
きましょう。

セルは Range オブジェクト

みなさんは、Excel をマスターするときには、ブックやワークシートとは比較にならないほどセル操作の学習に時間を費やしたはずです。これは VBA にもそのまま当てはまります。そして、VBA を使うと、ユーザーの操作よりもはるかに手際よくセルを操作できるのです。

Range オブジェクトの特徴

VBA では、セルは **Range オブジェクト** で操作します。

この Range オブジェクトには、前述の Workbook オブジェクトや Worksheet オブジェクトとは大きく異なる点があります。ブックの場合には、単体であれば Workbook オブジェクトとして扱い、その集合体であれば Workbooks コレクションとして扱います。ワークシートの場合にも、Worksheet オブジェクトと Worksheets コレクションが存在します。

しかし、セルの場合には、単体のセルであっても、また、たとえ複数のセル範囲であっても、それは Range オブジェクトとして扱われます。つまり、Ranges コレクションというコレクションは存在しないのです。

まずは、Range オブジェクトの、この特徴についてきちんと理解しておきましょう。

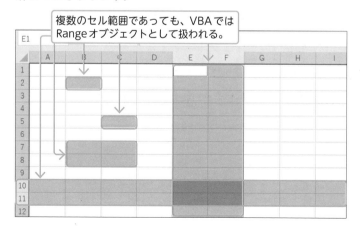

複数のセル範囲であっても、VBA では Range オブジェクトとして扱われる。

3-02

セルを選択する

Excelの本質がセルであるように、VBAの本質はRangeオブジェクトです。では、VBAでセルを自在に操れるように学習を進めましょう。そのための第一歩は、やはり「セルの選択」、すなわちSelectメソッドです。確実にマスターしてください。

◎ [3章-1.xlsm] 参照

セル番地でセルを選択する

　セルは、Rangeオブジェクトに対して**Select**メソッドを使って選択します。

事例8 1つのセルを選択する　　　◎ [3章-1.xlsm] Module1

```
Sub RangeSel1()
    Range("C3").Select
End Sub
```

1つのセルが選択される。

解説動画
【3章_01】(事例8)

事例9 連続するセル範囲を選択する　　　◎ [3章-1.xlsm] Module1

```
Sub RangeSel2()
    Range("B2:C5").Select
End Sub
```

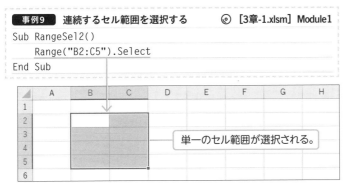

単一のセル範囲が選択される。

解説動画
【3章_02】(事例9)

3
セルをVBAで操作しよう

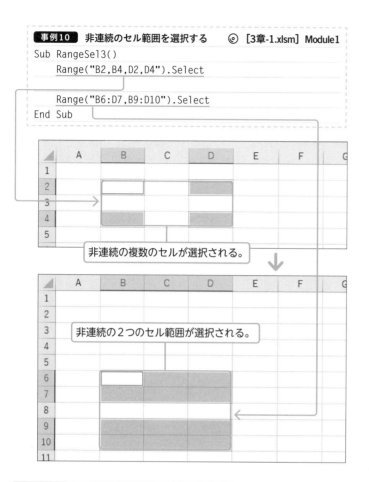

▶ 解説動画
【3章_03】(事例10)

```
事例10  非連続のセル範囲を選択する    ⊚ [3章-1.xlsm] Module1
Sub RangeSel3()
    Range("B2,B4,D2,D4").Select

    Range("B6:D7,B9:D10").Select
End Sub
```

非連続の複数のセルが選択される。

非連続の2つのセル範囲が選択される。

---

column コロン (:) とカンマ (,) の違い

　事例9と事例10で見たように、Rangeプロパティの中でセル番地を指定するときに使うコロン (:) とカンマ (,) ですが、コロン (:) は「つなげる」という意味になります。

　ですから、

```
Range("B2:C5").Select
```

であれば、セル番地をつなげているのでセル範囲B2からC5までが選択されます。

　一方のカンマ (,) ですが、これは「区切る」という意味ですので、

```
Range("B2,C5").Select
```

であれば、セル番地を区切っているのでセルB2とセルC5が選択されます。

　ただし、2つのセル番地をどちらもダブルクォーテーション (") で囲んでいるときには、「始点から終点まで」という意味になります。

　すなわち、

```
Range("B2", "C5").Select
```

は、セル範囲B2からC5までを選択します。

練習問題

問題 3-2-1

　下記のステートメントを実行したときに選択されるセルは、次の①と②のどちらかを答えなさい。解答は、巻末の271ページを参照のこと。

💡 ヒント

82ページ参照

Range("B1", "D4").Select

①

②

定義された名前でセルを選択する

　VBAでは、セルに定義された名前でもセルを選択できます。

　次のマクロは、「売上合計」と定義されたセルを選択します。

事例11 名前が定義されたセルを選択する　◎ [3章-1.xlsm] Module1

```
Sub RangeSel4()
    Range("売上合計").Select
End Sub
```

▶解説動画
【3章_04】(事例11)

11					
12	支店名	売上			
13	A支店	¥1,743,200			
14	B支店	¥598,600			
15	C支店	¥1,215,600			
16	D支店	¥2,478,900			
17	合計	¥6,036,300	←売上合計		
18					

「売上合計」と定義されたセルが選択される。

3
セルをVBAで操作しよう

083

セルに名前を定義する

セルにユーザー操作で名前を定義するときには、以下の手順で行います。

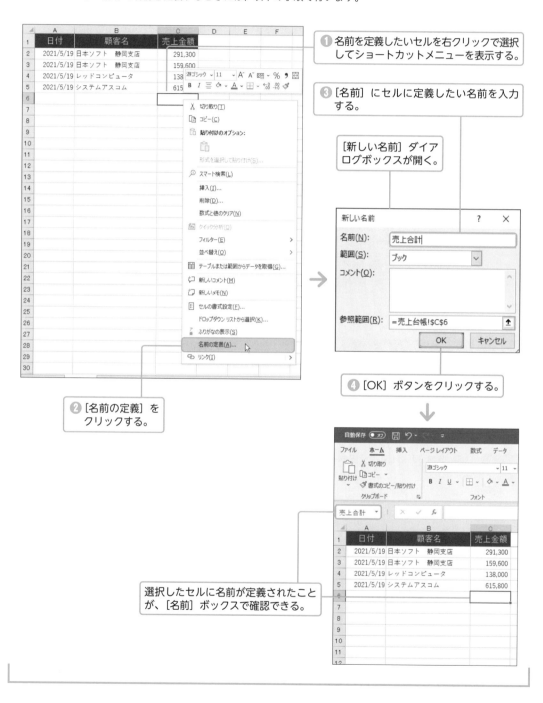

❶ 名前を定義したいセルを右クリックで選択してショートカットメニューを表示する。

❸［名前］にセルに定義したい名前を入力する。

［新しい名前］ダイアログボックスが開く。

❹［OK］ボタンをクリックする。

❷［名前の定義］をクリックする。

選択したセルに名前が定義されたことが、［名前］ボックスで確認できる。

行や列全体を選択する

VBAでは、ユーザー操作同様に行／列全体を選択できます。

解説動画
【3章_05】（事例12）

事例12	行／列全体を選択する	◎ [3章-1.xlsm] Module1

```
Sub RangeSel5()
    Range("1:1").Select        ─①1行目を選択
    'Range("A:A").Select       ─②A列を選択
    'Range("1:3").Select       ─③1行目から3行目を選択
    'Range("A:C").Select       ─④A列からC列を選択
    'Range("1:3,6:6").Select   ─⑤1行目から3行目および6行目を選択
    'Range("A:C,F:F").Select   ─⑥A列からC列およびF列を選択
End Sub
```

参考

動作を確認したいステートメントの前のシングルクォーテーション（'）を取り除いてマクロを実行してください。

すべてのセルを選択する

① [全セル選択] ボタンをクリックする。

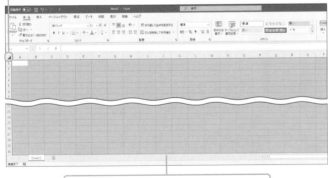

ワークシートのすべてのセルが選択される。

この操作は、次のマクロのように**Cellsプロパティ**を使うと簡単に実現できます。

解説動画
【3章_06】（事例13）

事例13	Cellsプロパティですべてのセルを選択する	
	◎ [3章-1.xlsm] Module1	

```
Sub CellsSel()
    Cells.Select
End Sub
```

3

セルをVBAで操作しよう

085

このCellsプロパティもRangeオブジェクト（セル）を特定するもので、事例13のように「すべてのセル」を特定するだけでなく、次のように「1つのセル」を特定することもできます。

```
Cells(5, 3).Select
```

ただし、注意しなければならないのは、Cellsプロパティの場合には、「Cells（行，列）」の形式で表記することで、これは「Range（列，行）」とは逆の表記となります。

すなわち、3列目はC列ですので、次の2つは「C5」というまったく同じセルを特定しています。

Range("**C5**") = Cells(**5, 3**)

アクティブシートのセルしか選択できない

『1-03 オブジェクトの親子関係』で解説したように、セルのような下位オブジェクトを操作するときには、ブック→ワークシート→セルと階層を上からたどって来ると、非常にスマートなマクロが作成できるようになります。

しかし、Rangeオブジェクトに対してSelectメソッドを使うときには、次の点に注意しなければなりません。

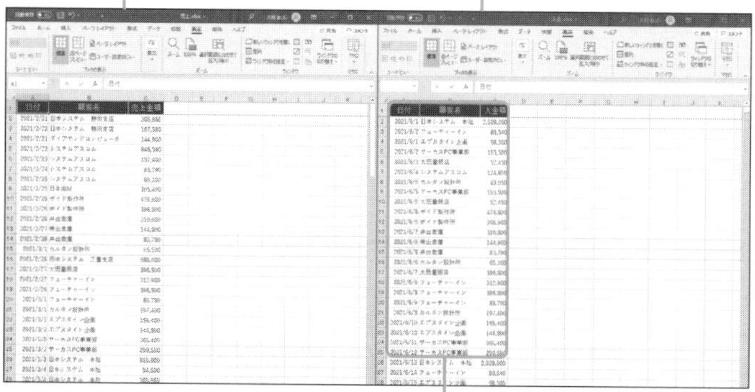

参考

55ページ参照

[売上.xlsx] がアクティブになっている。　　[入金.xlsx] はアクティブではない。

セルA1:C25を選択したい。

［入金.xlsx］の「入金台帳」シートのセル A1:C25 を選択するために、

```
Workbooks("入金.xlsx").Worksheets("入金台帳").
Range("A1:C25").Select
```

というステートメントを実行すると、一見、何の問題もないステートメントですが、実行時エラーが表示されます。

実行時エラーが発生する。

実は、Range オブジェクトに対して Select メソッドを使用するときには、その親オブジェクト、すなわちそのセルを含むワークシートがアクティブになっていなければならないのです。今回の例では、次のマクロのように前もって「入金台帳」シートをアクティブにしておく必要があります（①）。そして、セルを選択します（②）。

正しい使用例
```
Workbooks("入金.xlsx").Worksheets("入金台帳").Activate   ─①
Range("A1:C25").Select                              ─②
```

3

セルをVBAで操作しよう

練習問題

問題 3-2-2

Range オブジェクトに対して Select メソッドを使用するときには、その親オブジェクトがアクティブになっていなければならない。では、［売上.xlsx］がアクティブのとき、すなわち、「入金台帳」シートがアクティブでないときに次のステートメントを実行するとエラーが発生するか、しないかを答えなさい。解答は、巻末の271ページを参照のこと。

ヒント

57ページ参照

```
Workbooks("入金.xlsx").Worksheets("入金台帳").
Range("A1:C25").Value = "VBA"
```

行や列の表示と非表示を切り替える

ここで少しだけ話題がそれますが、同じオブジェクトに対して連続的に処理を行うときにマクロの記述を簡略化するWithステートメントを学習することにしましょう。マクロ記録でもよく見かけるこのWithステートメントを完璧にマスターしてください。　[3章-1.xlsm] 参照

With ステートメントの基本構文

次のマクロを見てください。セルB2に「顧客コード」という文字列を入力して、フォントを「ＭＳゴシック」「太字」「サイズ=14」に設定しています。

Withステートメントを使わないマクロ
```
Sub TestWith()
    Range("B2").Value = "顧客コード"
    Range("B2").Font.Name = "ＭＳ ゴシック"
    Range("B2").Font.Bold = True
    Range("B2").Font.Size = 14
End Sub
```

これらのステートメントは、すべてセルB2に対する処理です。このように、同じオブジェクトを対象に連続して処理を行うときには、**With ステートメント**を使って次のように簡略化できます。

Withステートメントを使って簡略化したマクロ
```
Sub TestWith()
    With Range("B2")
        .Value = "顧客コード"
        .Font.Name = "ＭＳ ゴシック"
        .Font.Bold = True
        .Font.Size = 14
    End With
End Sub
```

Range("B2")に対する処理

ValueプロパティがRange("B2")に対するものであることを明示するためにドット(.)を付ける。

このように、Withステートメントは、**With**で始まり、**End With**で終わります。

さらに、Withステートメントは**入れ子**にして、Withステートメントの中にさらにWithステートメントを入れることができます。

先のマクロ「TestWith」を見ると、Fontオブジェクトを立て続けに3回操作していますので、この部分もWithステートメントでまとめると、マクロは次のようにさらに簡略化されます。

事例14　Withステートメントを入れ子にする　◎　[3章-1.xlsm] Module2

```
Sub TestWith()
    With Range("B2")                    Range("B2")に
        .Value = "顧客コード"            対する処理
        With .Font                       Fontオブジェク
            .Name = "MS ゴシック"        トに対する処理
            .Bold = True
            .Size = 14                   Fontオブジェクトが
        End With                         Range("B2")の下位オブジェ
    End With                             クトであることを明示するた
End Sub                                  めにドット(.)を付ける。
```

▶ 解説動画
【3章_07】(事例14)

Not演算子によるプロパティの切り替え

電源のオン／オフを1つのスイッチで切り替えるように、Withステートメントと**Not演算子**を併用すると、1つのステートメントでプロパティのTrue／Falseを切り替えるオン／オフマクロが作成できます。

事例15　列の表示／非表示を切り替える　◎　[3章-1.xlsm] Module2

```
Sub ToggleColumn()
    With Columns("D")
        .Hidden = Not .Hidden
    End With                      このドットは忘れやすい
End Sub                           ので注意。
```

▶ 解説動画
【3章_08】(事例15)

このマクロをボタンに登録すれば、それは列の表示／非表示を切り替えるオン／オフボタンになります。

3

セルをVBAで操作しよう

❶ マクロ「ToggleColumn」を登録したボタンをクリックする。

❷ 再びマクロ「Toggle Column」を登録したボタンをクリックする。

列Dが非表示になる。

列Dが再表示される。

　この事例15で使用しているNot演算子ですが、これは「値を反転させる」演算子です。

　すなわち、現在のHiddenプロパティの値がFalseならば、右辺でNot演算子で値を反転させているので、右辺の値はTrueになり、それを左辺に代入することでHiddenプロパティの値をTrueに書き換えることになります。

　逆に、現在のHiddenプロパティの値がTrueならば、右辺でNot演算子で値を反転させているので、右辺の値はFalseになり、それを左辺に代入することでHiddenプロパティの値をFalseに書き換えることになります。

問題 3-3

　事例15では、列の表示と非表示を切り替えるオン／オフマクロを作成したが、そのマクロを参考に、セルの目盛線（枠線）の表示／非表示を切り替えるオン／オフマクロを作成しなさい。解答は、巻末の272ページを参照のこと。

 ヒント

　セルの目盛線（枠線）を表示、もしくは非表示にするステートメントがわからなかったら、マクロ記録で確認してみましょう。

セルの値を取得/設定する

VBAでは、セルの値を調べたり、セルの値を変更するために、わざわざそのセルを選択する必要はありません。Valueプロパティを使えばよいのです。ここでは一度「選択」、Selectメソッドの事は忘れて、気持ちを白紙に戻して本節のテーマに臨んでください。 ［3章-1.xlsm］参照

セルの値を取得する

　セルの値を取得するときには**Valueプロパティ**を使います。次のマクロは、セルA1の値をメッセージボックスに表示するものです。

事例16 セルの値をメッセージボックスに表示する
［3章-1.xlsm］ Module2

```
Sub ValueRange1()
    MsgBox Range("A1").Value
End Sub
```

▶ 解説動画
【3章_09】（事例16）

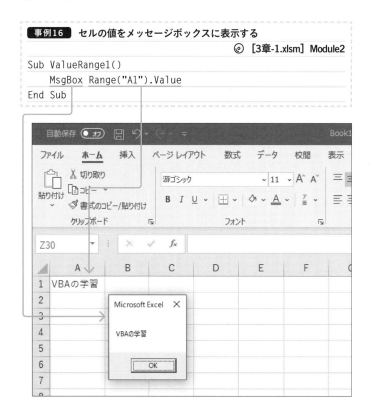

MsgBox関数は、代入された値をメッセージボックスに表示する関数です。

1章では、「VBAの基本構文　−その1−」として、プロパティの値を変数に代入する構文を紹介しましたが、変数の代わりにMsgBox関数を使うと、取得したプロパティの値をメッセージボックスで確認することができるのです。

参考

49ページ参照

練習問題

問題 3-4-1

次図のようなワークシートがある。

ヒント

92ページ参照

このセルA1：B5の値を次のステートメントでメッセージボックスに表示できるかどうかを答えなさい。解答は、巻末の272ページを参照のこと。

```
MsgBox Range("A1:B5").Value
```

3

セルをVBAで操作しよう

セルにさまざまな種類の値を設定する

　次のマクロは、セルにさまざまな種類の値を入力するものです。

▶ 解説動画
【3章_10】（事例17）

事例17　セルにさまざまな種類の値を入力する

◎［3章-1.xlsm］Module2

```
Sub ValueRange2()
    Range("A1").Value = 100.35         ─① 標準
    Range("A2").Value = "-1,573,500"   ─② 桁区切り
    Range("A3").Value = "2021/9/10"    ─③ 日付
    Range("A4").Value = "10:25:30"     ─④ 時刻
    Range("A5").Value = "'0123"        ─⑤ 文字列数値
End Sub
```

桁区切り、日付、時刻、文字列数値などの表示形式で値を入力するときには、文字列同様にダブルクォーテーション（""）で囲んでValueプロパティに代入する。

Valueプロパティに数値を代入するときにはダブルクォーテーション（""）で囲まない。

	A	B
①— 1	100.35	
②— 2	-1,573,500	
③— 3	2021/9/10	
④— 4	10:25:30	
⑤— 5	0123	

✔ **チェック**

　⑤のように文字列数値を入力するときには、ダブルクォーテーション（""）で囲み、先頭にシングルクォーテーション（'）をつけます。

練習問題

問題 3-4-2

　次の2つのステートメントを実行すると、それぞれ下図のセルA1、セルA2のどちらの値が入力されるかを答えなさい。解答は、巻末の272ページを参照のこと。

① 　ActiveCell.Value = "'150"

② 　ActiveCell.Value = 150

	A	B	C
1	150		
2	150		
3			

💡 **ヒント**

　どのような種類の値を入力するステートメントかを考えてみましょう。

セルの値を別のセルに設定する

　ここまでは、セルに特定の値を入力する例を紹介してきました が、セルの値を別のセルに入力することもできます。

　次のマクロは、セルA1の値をセルB1からC5までに入力する ものです。

● 解説動画
【3章_11】（事例18）

> **事例18** セルの値を別のセルに入力する　　◎［3章-1.xlsm］Module2

```
Sub ValueRange4()
    Range("B1:C5").Value = Range("A1").Value
End Sub
```

セルの数式と値をクリアする

　セルの数式と値をクリアする方法は2種類あります。

　1つは、Valueプロパティに空の文字列("")を代入する方法 です。

● 解説動画
【3章_12】（事例19）

> **事例19-1** セルの数式と値をクリアする　　◎［3章-1.xlsm］Module2

```
Sub ClearRange1()
    Range("A1").Select
    ActiveCell.Value = ""
End Sub
```

キー入力の Delete キーに 相当する。

　もう1つは、**ClearContents**メソッドを使う方法です。

> **事例19-2** セルの数式と値をクリアする　　◎［3章-1.xlsm］Module2

```
Sub ClearRange2()
    Range("A1:D5").Select
    Selection.ClearContents
End Sub
```

Excelの［値と数式のクリ ア］コマンドに相当する。

3
セルをVBAで操作しよう

なお、VBAにはセルの数式と値をクリアするClearContentsメソッドのほかに、以下のようなメソッドがあります。

ClearFormatsメソッド　⇒　セルの書式を削除する

ClearCommentsメソッド　⇒　セルのコメントを削除する

ClearHyperlinksメソッド　⇒　セルのハイパーリンクを削除する

Clearメソッド　⇒　セルの値や書式、コメントなどすべてを削除する

ActiveCellプロパティとSelectionプロパティ

VBAでは、選択されているセルを特定するときには**ActiveCellプロパティ**か**Selectionプロパティ**を使います。ActiveCellプロパティは「1つのセル（アクティブセル）」を特定でき、Selectionプロパティは、「アクティブセル」も「選択されている複数のセル範囲」も、ともに特定することができます。

事例19-1のマクロ「ClearRange1」は、ActiveCellプロパティで単一のセルA1を特定しています。一方、事例19-2のマクロ「ClearRange2」は、Selectionプロパティでセル範囲A1:D5を特定しています。

なお、それぞれ、わざわざセルを選択せずに次のように記述しても構いません。

```
Range("A1").Value = ""
```

```
Range("A1:D5").ClearContents
```

練習問題

問題 3-4-3

下図のワークシートでは、セルC1に「=A1+B1」と数式が入力されて、その計算結果の「300」が表示されている。

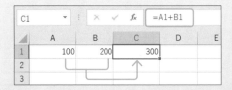

> 💡 ヒント
>
> セルC1にどのような値が設定されるかを考えてみましょう。

この状態で次のステートメントを実行したらどうなるかを答えなさい。解答は、巻末の272ページを参照のこと。

Range("C1").Value = Range("C1").Value

選択セル範囲の位置を変更する

ここまでは「絶対参照」、すなわち「A1:D10」のようにセル番地を使ってワークシートのセルを特定してきました。しかし、これからしばらくは、「相対参照」でセルを操作します。頭を切り替えて取り組んでください。

◎ [3章-2.xlsm] 参照

選択セル範囲の行列位置を変更する

あるセル範囲を基準に、相対的に移動して別のセル範囲を選択するときには、**Offsetプロパティ**を使用します。

3
セルをVBAで操作しよう

Offset(n, m)

行方向への移動。下への移動はプラス、上への移動はマイナスで表す。

列方向への移動。右への移動はプラス、左への移動はマイナスで表す。

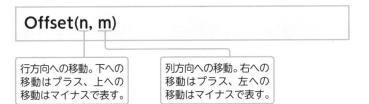

事例20 選択セル範囲の行列位置を変更する ◎ [3章-2.xlsm] Module1

```
Sub OffRange1()
    Selection.Offset(-1, 2).Select
End Sub
```

Range("B2:C4").Select

基準セル

↓

基準セル B2:C4 の1行分上、2列分右のセル範囲 D1:E3 が選択される。

基準セル

▶ 解説動画
【3章_13】(事例20)

❗ 注意

セル B2:C4 を選択してから実行してください。

選択セル範囲の行位置を変更する

　列方向の移動がないときには、行方向の移動量だけを指定できます。

```
事例21   選択セル範囲の行位置を変更する   ◎ [3章-2.xlsm] Module1
Sub OffRange2()
    Selection.Offset(2, 0).Select      ―①
    Selection.Offset(2).Select         ―②
End Sub
```

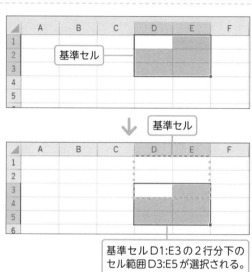

基準セルD1:E3の2行分下の
セル範囲D3:E5が選択される。

● 解説動画
【3章_14】(事例21)

❗ 注意

　事例20を実行してから実行してください。

　実際には、①か②のどちらか一方のステートメントだけを実行してください。

選択セル範囲の列位置を変更する

　行方向の移動がないときには、列方向の移動量だけを指定できます。

```
事例22   選択セル範囲の列位置を変更する   ◎ [3章-2.xlsm] Module1
Sub OffRange3()
    Selection.Offset(0, -1).Select     ―①
    Selection.Offset(, -1).Select      ―②
End Sub
```

● 解説動画
【3章_15】(事例22)

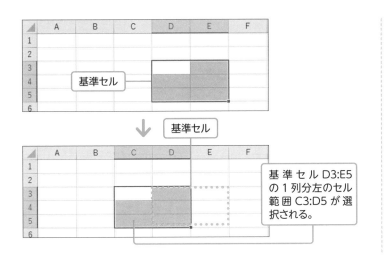

！ 注意

事例21を実行してから実行してください。

実際には①か②のどちらか一方のステートメントだけを実行してください。

基準セル D3:E5 の1列分左のセル範囲 C3:D5 が選択される。

column　絶対参照と相対参照

　絶対参照と**相対参照**は、テクニカルライターやインストラクター泣かせの概念です。杓子定規に解説しても、その違いが理解できない入門者が非常に多いからです。とりあえず筆者は、絶対参照と相対参照の違いを問われたら、道案内にたとえて解説するようにしています。

　「あなたの家はどこですか」と聞かれたときに、「静岡県富士市ＸＸ町ＸＸＸ-Ｘ」と住所で道案内するのが絶対参照です。この説明なら、尋ね人が世界のどこにいても、私の家の所在地を特定することができます。

　しかし、私の家のすぐそばまで来ている人に同じ質問をされたら、「2つ先の信号を左折して、次の信号を右折して…」と説明することでしょう。これが相対参照です。ただし、相対参照の場合には、尋ね人のいる場所によって、当然道案内の内容も変化してきます。

　どうですか。この日常的な会話がExcelのワークシート上でユーザーとVBAの間で交わされていると考えれば、敬遠しがちな相対参照も身近に感じられるのではないでしょうか。

3 セルをVBAで操作しよう

練習問題

問題3-5

　現在、次図のセル範囲が選択されている。

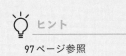

　このとき、次のステートメントを実行したら、選択状態になるセル範囲はどこかを答えなさい。解答は、巻末の273ページを参照のこと。

```
Selection.Offset(-1, -1).Select
```

💡 ヒント

97ページ参照

3-06

選択セル範囲のサイズを変更する

選択されているセル範囲のサイズを変更するためにはコツがいります。最初に、選択されているセルの行数や列数を取得します。次に、行数や列数を変更してセル範囲のサイズを変更します。それでは、各ステップごとに解説していきましょう。　　　　　　　　　　　◎[3章-2.xlsm] 参照

選択されているセルの行数を取得する

『3-02 セルを選択する』で解説したとおり、Range プロパティを使えば行や列全体を特定できます。しかし、ここで紹介する Rows プロパティと Columns プロパティも行列を特定するものです。

まずは、行を特定する **Rows プロパティ**について解説しましょう。

事例23 行を非表示にする　　　　　　◎[3章-2.xlsm] Module1
```
Sub HideRows()
    Worksheets("Sheet2").Rows("5:7").Hidden = True
End Sub
```

行5:7が表示されている。

行5:7が非表示になる。

このように、Hidden プロパティに True を代入すれば非表示となり、False を代入すると再表示されます。

参考

81ページ参照

解説動画
【3章_16】(事例23)

⚠ 注意

行4:8を選択して、ショートカットメニューから[再表示]コマンドをクリックして行5:7を再表示し、次の操作に備えてください。

次のマクロは、選択されているセル範囲の行数を取得するものです。

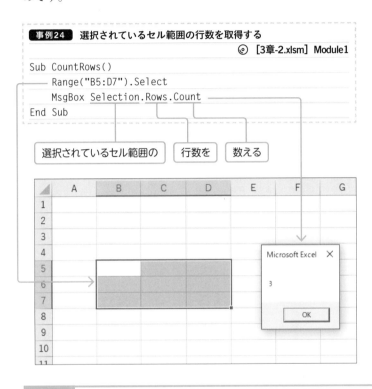

事例24 選択されているセル範囲の行数を取得する
◎ [3章-2.xlsm] Module1

```
Sub CountRows()
    Range("B5:D7").Select
    MsgBox Selection.Rows.Count
End Sub
```

選択されているセル範囲の | 行数を | 数える

解説動画
【3章_17】(事例24)

column MsgBox関数

事例24の「MsgBox」というキーワードは、MsgBox関数と呼ばれるもので、なにかしらの値や文字列などをメッセージボックスに表示するものです。

事例24では、マクロの中で取得した「3」という値をMsgBox関数でメッセージボックスに表示しています。

また、

```
MsgBox "こんにちは"
```

と文字列を指定して、この例では「こんにちは」と

メッセージボックスに表示することもできます。

ただし、関数の引数は「()」で囲まなければならないという先入観で

```
MsgBox ("こんにちは")
```

と記述するのは明白な間違いです。

確かにこの間違えたステートメントでもメッセージボックスに「こんにちは」と表示されますが、VBAでは値を返さないときには「()」では囲まないというのが定石です。

選択されているセルの列数を取得する

では、今度は、列を特定する**Columnsプロパティ**について見てみましょう。使い方はRowsプロパティと同じですので、難しいことは何もありません。

次のマクロは、選択されているセル範囲の列数を取得するものです。

● 解説動画
【3章_18】（事例25）

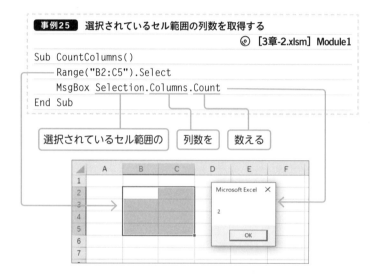

事例25　選択されているセル範囲の列数を取得する
◎ ［3章-2.xlsm］Module1

```
Sub CountColumns()
    Range("B2:C5").Select
    MsgBox Selection.Columns.Count
End Sub
```

選択されているセル範囲の　　列数を　　数える

行数や列数を変更してセル範囲のサイズを変更する

行数や列数が取得できたら、**Resizeプロパティ**でセル範囲のサイズを変更します。セル範囲のサイズを変更するResizeプロパティの引数には、セル範囲の行数と列数を指定します。

Resize(n, m)

セル範囲の行数　　セル範囲の列数

Resizeプロパティの引数には「Resize (5, 3)」のように直接数値を指定することもできますが、一般的には、選択されているセル範囲の行数や列数を求めてから、変更量を足し算か引き算で指定してセル範囲のサイズを変更します。

Resize(Selection.Rows.Count + 2, Selection.Columns.Count - 1)

| 基準セルの行数 | 変更量 | 基準セルの列数 | 変更量 |

解説動画
【3章_19】(事例26)

事例26 選択セル範囲のサイズを変更する ◎ [3章-2.xlsm] Module1

```
Sub ResizeRange1()
    Range("B2:C4").Select
    MsgBox "選択セル範囲のサイズを変更します"
    Selection. _
        Resize(Selection.Rows.Count + 2, Selection.
        Columns.Count - 1).Select
End Sub
```

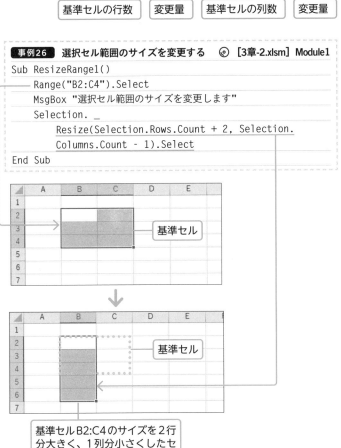

基準セル

基準セル

基準セル B2:C4 のサイズを 2 行
分大きく、1 列分小さくしたセ
ル範囲 B2:B6 が選択される。

　この例では、「Selection.Rows.Count」で選択されているセル
範囲の行数を算出して、その数を「2」大きくしています。また、
列数を見ると、「Selection.Columns.Count」で選択されているセ
ル範囲の列数を算出して、その数を「1」小さくしています。

　なお、もし行数だけを変更するのであれば、次のように記述し
ます。

```
Selection.Resize(Selection.Rows.Count + 2).Select
```

また、列数だけを変更するのであれば、次のように記述します。

```
Selection.Resize(, Selection.Columns.Count - 1).Select
```

❗ 注意

列数だけ変更する場合、()の中のカンマを忘れやすいので注意してください。

column ステートメントを複数行に分割する

1行で記述するには長すぎるステートメントは、複数の行に分割して記述した方がマクロは読みやすくなります。ステートメントを複数行に分割するときには、行の末尾にスペースとアンダースコア(_)を入力します。

また、2行目の先頭を字下げすると、ステートメントを分割したことが明確になって、マクロはさらに読みやすくなります。

長いステートメントを1行で記述する
```
Workbooks("売上台帳.xlsx").Worksheets("4月度").Range("D10").Value = "パソコン"
```

長いステートメントを2行に分割する
```
Workbooks("売上台帳.xlsx").Worksheets("4月度") _
.Range("D10").Value="パソコン"
```

ステートメントを2行に分割して、さらに2行目の先頭を字下げする
```
Workbooks("売上台帳.xls").Worksheets("4月度") _
    .Range("D10").Value = "パソコン"
```

練習問題

問題 3-6-1

次のマクロを実行したときに選択されるセル範囲を答えなさい。解答は、巻末の273ページを参照のこと。

 ヒント

103ページ参照

```
Sub Macro1
    Range("B2:C4").Select
    Selection.Resize(Selection.Rows.Count - 1, Selection.
    Columns.Count + 3).Select
End Sub
```

Offset プロパティと Resize プロパティを併用する

　1つのステートメントの中で、Offset プロパティと Resize プロパティを連続して使うことができます。次のマクロは、最終的にセル範囲B4：E6を選択します。

事例27　Offsetと Resizeを併用する　◎　[3章-2.xlsm] Module1
```
Sub ResizeRange2()
    Range("B2:C4").Select
    MsgBox "選択セル範囲のサイズを変更します"
    Selection.Offset(2).Resize(, Selection.Columns.Count
    + 2).Select
End Sub
```

▶ 解説動画
【3章_20】(事例27)

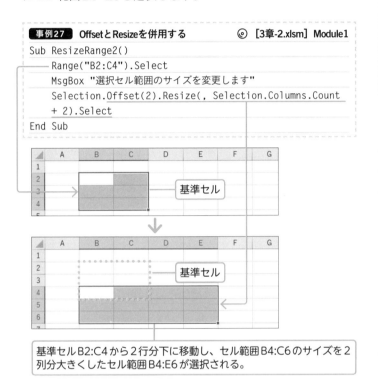

基準セルB2:C4から2行分下に移動し、セル範囲B4:C6のサイズを2列分大きくしたセル範囲B4:E6が選択される。

3

セルをVBAで操作しよう

練習問題

問題3-6-2

　次のマクロを実行したときに選択されるセル範囲を答えなさい。解答は、巻末の273ページを参照のこと。

```
Sub Macro1()
    Range("B2:C4").Select
    Selection.Offset(3). _
        Resize(Selection.Rows.Count - 1, Selection.Columns.
        Count + 3).Select
End Sub
```

💡 ヒント

　Offset プロパティと Resize プロパティが併用されていることに注意しましょう。

3-07

アクティブセル領域を参照する

みなさんの中には、住所録や売上台帳などを管理するために、Excelをデータベースソフトとして使っている方も多いのではないでしょうか。本節と次節では、データベースをVBAで操作するためのテクニックを解説します。最初のテーマは「アクティブセル領域」です。 ⊚［3章-3.xlsm］参照

アクティブセル領域とは？

次図のセル範囲C4:E7のように、空白の行と列に囲まれたセル範囲を**アクティブセル領域**と呼びます。

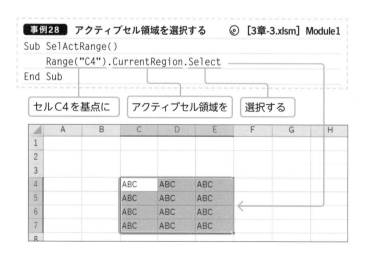

アクティブセル領域は、**CurrentRegion プロパティ**で特定することができます。

事例28 アクティブセル領域を選択する ⊚［3章-3.xlsm］Module1

```
Sub SelActRange()
    Range("C4").CurrentRegion.Select
End Sub
```

セルC4を基点に | アクティブセル領域を | 選択する

▶ 解説動画
【3章_21】（事例28）

✔ チェック

「Range("C4")」の部分は、D5でもE7でも、「ABC」と入力されているセルであれば同じ結果が得られます。

データベース範囲を選択する

　次図を見ると、ワークシートに顧客データベースが作成されています。1行目が見出し、2行目以降がデータ部です。

見出し ＋ データ ＝ データベース（アクティブ領域）

▶ 解説動画
【3章_22】（事例29）

事例29 データベース範囲を選択する　◎ [3章-3.xlsm] Module1

```
Sub SelDatabase()
    Range("A1").CurrentRegion.Select
End Sub
```

データベース範囲（アクティブセル領域）が選択される。

　「Range ("A1")」の部分は、B1でもC1でもかまいません。ただし、見出し行（1行目）のセルを指定してください。なぜなら、見出し行のセルには必ず文字（見出し）が入力されているからです。

　一方、2行目以降のデータ部には、1件もデータがない可能性があります。空白のセルを基点にCurrentRegionプロパティを使ってもアクティブセル領域は参照できませんので、基点となるセルは見出し行のセルでなければならないのです。

3

セルをVBAで操作しよう

データベース範囲を印刷する

　次の例は、データベース範囲に「顧客」と名前を定義して、セル範囲「顧客」を印刷するものです。

事例30 データベース範囲を印刷する　◎ [3章-3.xlsm] Module1

```
Sub PrintDatabase()
    Range("A1").CurrentRegion.Select
    ActiveWorkbook.Names.Add Name:="顧客",
    RefersToR1C1:=Selection
    ActiveSheet.PageSetup.PrintArea = "顧客"
    'ActiveSheet.PrintOut
    ActiveSheet.PrintPreview
End Sub
```

▶ 解説動画
【3章_23】(事例30)

❶ 注意

　このマクロは、ActiveSheet.PrintOutをコメントとして記述していますので、実際には印刷ではなく、印刷プレビューが表示されます。

---

column　Names コレクションと Name プロパティ

　事例30では、冒頭の次の2行でデータベース範囲に名前を設定しています。

```
Range("A1").CurrentRegion.Select
ActiveWorkbook.Names.Add Name:="顧客", RefersToR1C1:=Selection
```

　これは、セルに名前を定義する操作をマクロ記録したステートメントとほぼ同じです。

　マクロ記録との違いは、「RefersToR1C1:=Selection」の部分で、マクロ記録ではここにシート名やセルの行列番号が記録されますが、事例30では、その前にアクティブセル領域を選択して、「Selection」でセル範囲を特定するという工夫をしています。

　すなわち、「RefersToR1C1」というのは名前を定義する「参照範囲」という意味になります。

　いずれにしても、マクロ記録ではNamesコレクションにAddメソッドを使うことでセル範囲に名前を定義します。

　ただし、筆者は実はこのようなステートメントは一切書きません。

　なぜなら、次のようにRangeオブジェクトのNameプロパティに値を設定するステートメントでもセル範囲に名前を定義できるからです。

```
Range("A1").CurrentRegion.Name = "顧客"
```

　事例30の冒頭の2行のステートメントと、Nameプロパティを使ったこのステートメントのどちらがよりスマートで読みやすいかは言うまでもないと思います。

　筆者はマクロ記録の大の推進派ですが、ことこの件に関してはマクロ記録の限界を痛感します。

　そして、みなさんにもNameプロパティを使うことを推奨します。

データの登録件数を取得する

　次の例は、データベース範囲の総行数から1減算しています。これは、見出し行（1行目）を除くための処理で、結果的に顧客の登録件数を取得しています。

▶ 解説動画
【3章_24】（事例31）

事例31　データの登録件数を取得する　　ⓒ［3章-3.xlsm］Module1

```
Sub CountDatabase()
    MsgBox Range("A1").CurrentRegion.Rows.Count - 1
End Sub
```

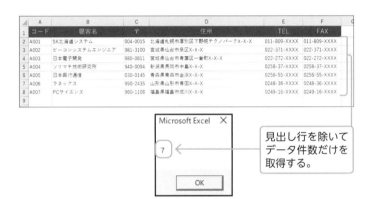

Microsoft Excel

7

OK

見出し行を除いて
データ件数だけを
取得する。

3

セルをVBAで操作しよう

109

練習問題

問題 3-7-1

次図のように、アクティブセル領域（データベース範囲）に太い罫線で外枠を引くステートメントを答えなさい。解答は、巻末の273ページを参照のこと。

ヒント

外枠は、BoderAround メソッドを使用し、太字は、引数「Weight」に組み込み定数「xlThick」を指定します。

問題 3-7-2

次図のワークシートで、背景色が塗り潰されたセルB2:F7を選択するマクロを考えなさい。解答は、巻末の274ページを参照のこと。

ヒント

本章で学んだCurrentRegionプロパティ、Offset プロパティ、Resize プロパティのすべてを組み合わせてください。

	A	B	C	D	E	F	G
1	名前上位	札幌	仙台	東京	名古屋	大阪	一字計
2	2015年	蓮	湊	陽翔	樹	律	4
3	2016年	陽葵	凛	葵	紬	結菜	3
4	2017年	悠真	大翔	蒼	大和	結翔	1
5	2018年	莉子	結愛	芽依	結月	凛	1
6	2019年	朝陽	新	悠人	湊斗	陽太	1
7	2020年	澪	結衣	美月	咲良	陽菜	1
8	一字計	2	3	2	2	2	11

3-08

データベースの最後のセルを特定する

Endプロパティも、CurrentRegionプロパティ同様にデータベース範囲に対して応用の利くコマンドです。それでは、Endプロパティをわかりやすく丁寧に解説することにしましょう。

領域の最後のセルとは？

次図では、セルC4:E7に文字列「ABC」が入力されています。

	A	B	C	D	E	F
1						
2						
3						
4			ABC	ABC	ABC	
5			ABC	ABC	ABC	
6			ABC	ABC	ABC	
7			ABC	ABC	ABC	
8						
9						

この状況で、セルC1、C2、C3のいずれかを基準セルにして、下方向に **End プロパティ** を使ってみましょう。

事例32 領域の最後のセルを取得する ⊙ [3章-3.xlsm] Module1

```
Sub SelEndCell()
    Range("C1").End(xlDown).Select      ─①
    Range("C2").End(xlDown).Select
    Range("C3").End(xlDown).Select
End Sub
```

> 下方向の最後のセルを特定する。

	A	B	C	D	E	F	G
1							
2							
3							
4			ABC	ABC	ABC		
5			ABC	ABC	ABC		
6			ABC	ABC	ABC		
7			ABC	ABC	ABC		
8							
9							

> 3つのステートメントのどれを実行してもセルC4が選択される。

▶ 解説動画
【3章_25】（事例32）

🔎 参考

サンプルブックでは、①のステートメントのみ実行されます。

このケースでは、セルC4がセルC1、C2、C3を基準セルにした下方向の最後のセルとなります。

同じ状況で、次のように、セルC4、C5、C6のいずれかを基準セルにしてEnd（xlDown）を使った場合にはセルC7を取得します。

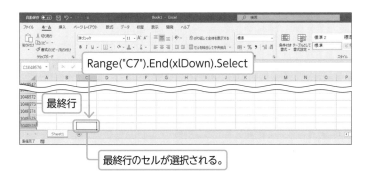

```
Range("C4").End(xlDown).Select
Range("C5").End(xlDown).Select
Range("C6").End(xlDown).Select
```

セルC7が選択される。

そして、セルC7以降のセルを基準セルにしてEnd（xlDown）を使うと、セルC1048576（最終行のセル）を取得します。

```
Range("C7").End(xlDown).Select
```

最終行

最終行のセルが選択される。

112

End プロパティの引数

End プロパティは、キー入力の Ctrl +方向キーに相当します。

キー入力	End の引数
Ctrl + [↑]	End(**xlUp**)
Ctrl + [↓]	End(**xlDown**)
Ctrl + [←]	End(**xlToLeft**)
Ctrl + [→]	End(**xlToRight**)

練習問題

問題 3-8-1

次図のように、データベースの 4 行目（セル範囲 A5:F5）を、End プロパティを使って選択するステートメントを答えなさい。解答は、巻末の 274 ページを参照のこと。

ヒント

セル A5 を基準セルに、右方向の最後のセルを特定しましょう。

End プロパティで最終データ行に移動する

それでは次に、データベース範囲に対して End プロパティを使用する応用例を解説しましょう。

再び、次図のような顧客データベースを想定します。

Endプロパティで最終データが入力されているセルに移動するときには、次のようなマクロを作成します。ここでは、Rangeプロパティの代わりに**Cellsプロパティ**を使用します。

● 解説動画
【3章_26】（事例33）

事例33 最終データが入力されているセルに移動する
◎ [3章-3.xlsm] Module2

```
Sub SelLastCell()
    Cells(Rows.Count, 1).End(xlUp).Select
End Sub
```

86ページの解説と重複しますが、単一のセルの場合は、このようにCellsプロパティでもセルを特定できます。

しかし、Cellsプロパティの場合には、「Cells（行, 列）」の形式で表記します。これは、「Range（列, 行）」の Rangeプロパティとは逆の表記となるので注意が必要です。

次に、「Cells（Rows.Count, 1）」の「Rows.Count」について説明します。

「Rows」は、Excelの階層的にはワークシートの子どもと言うべきコレクションで、「行全体」を意味します。

ただし、**Rowsプロパティ**の前のWorksheetオブジェクトは省略できますので、ここでは省略しています。

そして、Rowsコレクションに対して**Countプロパティ**を使い、ワークシートの行数を求めています。

これで、Cellsプロパティの第1引数にワークシートの行数を指定できます。Excel2019やMicrosoft365であれば、

```
    Cells(Rows.Count, 1)
```

は

```
    Cells(1048576, 1)
```

という意味になります。

ただし、絶対に「1048576」という数値をマクロの中に書いてはいけません。なぜなら、「1048576」というのはあくまでもExcel2019やMicrosoft365などの最終行で、最終行はExcelのバージョンによって異なるからです。

　それに、そもそも「1048576」なんて数字は暗記できませんよね。だからこそ、ここは「Rows.Count」を使うと覚えてください。

　すなわち、Excel2019やMicrosoft365であれば

```
Cells(Rows.Count, 1).End(xlUp).Select
```

は、「セルA1048576から上方向に向かって最後のセルを特定して選択しなさい」という意味になります。

　その結果、次図のようにデータベースの最終行のセルが選択されます。

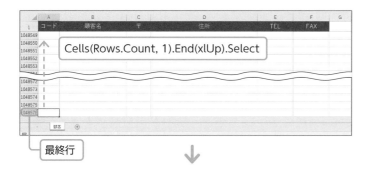

セルA8（最終データが入力されているセル）が選択される。

End プロパティで新規データを入力するセルに移動する

　事例33のステートメントにOffsetプロパティを組み合わせると、新規データを入力したいセルに移動できます。

```
事例34    新規データを入力するセルに移動する
                              ◎ [3章-3.xlsm] Module2
Sub SelNewCell()
    Cells(Rows.Count, 1).End(xlUp).Offset(1).Select
                    ①                    ②
End Sub
```

　①のステートメントで最終データが入力されているセルを取得し、②のステートメントで1行下のセルを選択します。

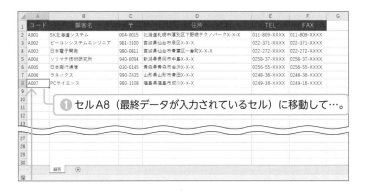

❶ セルA8（最終データが入力されているセル）に移動して…。

❷ 新規データを入力するセルに移動する。

解説動画
【3章_27】（事例34）

116

column　なぜ、End(xlDown) を使わないのか？

事例 33 や事例 34 では、

```
Cells(Rows.Count, 1).End(xlUp)
```

と、End プロパティの引数に「xlUp」を指定して、ワークシートの最終行から上に向かって移動しています。

しかし、そんな面倒なことをしなくても、次のステートメントでも目的のセルは選択できると考える人もいるでしょう。

```
Range("A1").End(xlDown).Offset(1).Select
```

実際に、サンプルブックの場合はこのステートメントでも問題なく動きますが、このステートメントでは、右図のようにデータベースにデータが1件もないときにはエラーが発生してしまいます。

ですから、データベースに対して

```
Range("A1").End(xlDown).Offset(1).Select
```

というステートメントは使用しないほうがよいのです。

Range("A1").End(xlDown)で最終行を選択し、さらに、Offset(1).Selectで、次行を選択しようとするので・・・。

エラーが発生する。

問題 3-8-2

次図のようなデータベースがある。

このデータベースに対して新規のデータを入力するために（セルA11を選択するために）、次のマクロを実行したらどのセルが選択されるかを答えなさい。解答は、巻末の274ページを参照のこと。

```
Sub 新規データ ()
    Range("A1").End(xlDown).Offset(1).Select
End Sub
```

ヒント

データベースの途中に空白セルがあることに注意して考えましょう。

4章

変数を理解しよう

3章までは、みなさんが普段目にしているブックやシート、セルを扱うテクニックを紹介してきましたので、まだまだ「マクロの学習」というイメージが強かったと思いますが、いよいよ本章からは本格的にプログラミングの世界に足を踏み入れます。まずは「変数」をマスターして、より一層VBAを身近に感じられるようになりましょう。

変数とは?

「変数」とは「取得したプロパティの値や計算結果などを格納しておくためのメモリ領域」のことです。「メモリ領域」というとピンときませんが、マクロの中で「変数」という「箱」に値を入れて、必要に応じてその「箱」から値を取り出すと考えてください。 [4章.xlsm] 参照

ブック名をメッセージボックスに表示する

　ユーザーがどのブックを最初に開くのかは本人にしかわかりません。しかし、変数を利用すると、ユーザーが最初に開いたブック名をメッセージボックスに表示するマクロが作成できるようになります。

　それが次のマクロです。

事例35　ブック名をメッセージボックスに表示する

◎ [4章.xlsm] Module1

```
Sub DisplayWBName()
    myWBName = Workbooks(1).Name                          ―①

    MsgBox "最初に開いたブックは " & myWBName & " です"  ―②
End Sub
```

▶ 解説動画
【4章_01】(事例35)

　①のステートメントでは、最初に開いたブックの名前をNameプロパティで取得して、左辺の**変数**「myWBName」に代入しています。このステートメントによって、変数「myWBName」にはブックの名前が格納されます。

　そして、②のステートメントで変数「myWBName」に格納された値を利用して、ブックの名前をメッセージボックスに表示しています。

　「箱」に値をいったん格納して、その「箱」から格納した値を取り出してメッセージボックスに表示するイメージは次のようなものです。

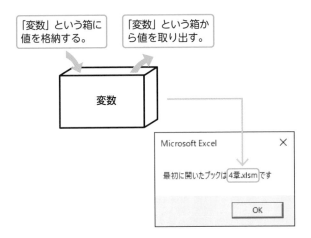

「変数」という箱に値を格納する。

「変数」という箱から値を取り出す。

変数

Microsoft Excel ×

最初に開いたブックは 4章.xlsm です

OK

MsgBox 関数で文字列と変数を連結する

メッセージボックスに値を表示する手段として、ここでも**MsgBox関数**を利用しています。このMsgBox関数と切っても切れないのが、文字列を連結する**&演算子**です。

事例35のマクロ「DisplayWBName」では、2つの固定文字列と変数「myWBName」を&演算子で連結して、メッセージをわかりやすいものにしています。

連結する際には、ダブルクォーテーション（""）で囲むのは固定文字列だけで、変数をダブルクォーテーションで囲んではいけない点に注意してください。

固定文字列はダブルクォーテーションで囲む。

"最初に開いたブックは " & myWBName & " です"

変数はダブルクォーテーションでは囲まない。

4 種類の演算子

「演算子」と言うと、「+」や「−」のような計算をするためのキーワードがすぐに思い浮かびます。しかし、これらのキーワードは「算術演算子」と呼ばれるもので、演算子の一種に過ぎません。VBAでは、次の4種類の演算子が用意されています。

① 算術演算子

算術演算をするときに使う演算子です。

算術演算子	例	意味
+	Range("A1") + Range("B1")	加算
-	Range("A1") - Range("B1")	減算
*	Range("A1") * Range("B1")	乗算
/	Range("A1") / Range("B1")	除算
^	Range("A1") ^ Range("B1")	べき乗
¥	Range("A1") ¥ Range("B1")	除算の商を返す
Mod	Range("A1") Mod Range("B1")	除算の余りを返す

✔ **チェック**

これらの算術演算子では不可能な高度な算術には関数を利用します。

---

column **& 演算子と + 演算子**

& 演算子の代わりに、次のように **+ 演算子**で文字列と変数を連結することもできます。

```
MsgBox "最初に開いたブックは " + myWBName + " です"
```

しかし、+ 演算子は数値を加算するときに使うものですから、文字列の連結に、絶対に使用しないでください。ちなみに、

```
MsgBox 1 + 1
```

の実行結果は「2」となります。

```
MsgBox 1 & 1
```

の実行結果は「11」となります。

「1 + 1」の場合には、「1」を数値と判断して加算する。

「1 & 1」の場合には、「1」を文字列と判断して結合する。

要するに、両者はまったく異なる演算子で、「+」は算術演算子、「&」は文字列連結演算子と呼びます。

前ページの表では、Range("A1") と Range("B1") に続く Value プロパティ
は省略していますが、省略した場合は Value プロパティを指定したも
のとみなされます。もっとも、Value プロパティを省略するのは、省
略したほうがマクロが読みやすくなる場合だけにしましょう。

②比較演算子

If...Then...Else ステートメントの中で条件の比較を行うとき
に使用する演算子です。If...Then...Else ステートメントの詳細な
解説は5章以降で行いますが、ここで比較演算子を表にまとめ
ておきましょう。

参考

140ページ参照

比較演算子	例	意味
=	If Range("A1") = 100 Then ...	100と等しければ
>	If Range("A1") > 100 Then ...	100より大きければ
<	If Range("A1") < 100 Then ...	100より小さければ
>=	If Range("A1") >= 100 Then ...	100以上ならば
<=	If Range("A1") <= 100 Then ...	100以下ならば
<>	If Range("A1") <> 100 Then ...	100でなければ

③文字列連結演算子

今回紹介した文字列を連結するときに使用する「&演算子」
で、121ページで解説したとおり主にMsgBox関数と一緒に使
用されます。

④論理演算子

And演算子とOr演算子は、If...Then...Else ステートメントの
中で条件を連結するときに使用します。

簡単に触れますと、And演算子は「AかつBかつC」のように、
すべての条件を満たしているかどうかを判断します。一方のOr
演算子は、「AまたはBまたはC」のように、どれか1つでも条件
を満たしているかどうかを判断します。

また、状態を反転させるNot演算子は、Withステートメント
の中でよく使用されます。本書では、『Not演算子によるプロパ
ティの切り替え』で紹介しました。

参考

143・145ページ参照

参考

89ページ参照

4
変数を理解しよう

変数の名前付け規則

変数はキーワードではありませんので、その名前はユーザー自らが決定します。しかし、好き勝手な名前を付けてしまうと、あとでその変数の意味や役割を忘れてしまいます。変数には自分流の名前付け規則が必要なのです。ここでは、そのコツを伝授しましょう。

自分流の名前付け規則を作る

　変数に名前を付けるときの規則についてはあまり意識する必要はありません。エラーが出たら、「あ、これは変数名としては使えないんだ」という認識で十分です。

　ここでは、重要な事項として次の3点を覚えてください。

①**変数であることが明確である名前を付ける。**

②**マクロのタイトルやVBAのキーワードと一致しない名前を付ける。**

③**どのような値を格納するための変数なのかが連想できる名前を付ける。**

　たとえば、事例35のマクロ「DisplayWBName」では、変数に「myWBName」と名付けています。

　「my」の文字列で始まることにより、ユーザーが独自に定義した名前であることが明白になっています。

　また、VBAのキーワードには、「my」で始まるものがありませんので、これでVBAに用意されているキーワードと重複してしまう心配が一切なくなります。あとは、マクロのタイトルと一致していなければOKです。

　さらに、「myWBName」という変数名全体から、「ワークブックの名前を格納する変数ではないか」と連想することができます。

　以上の3点に留意して、自分流の名前付け規則を作ってください。

日本語の変数名

　VBAでは、「my商品コード」「my顧客名」のような日本語の変数名を付けることもできます。確かに、日本語の変数名を付けても問題なくマクロは動きますが、漢字変換の手間やプログラミングミスのことを考えると、あまり感心できる変数名ではありません。少なくとも筆者はお勧めしません。

4-03

変数を宣言して使う

VBAは、マクロの中にキーワード以外の用語を見つけたら、すべてユーザーが独自に定義した変数と判断して処理を進めますが、今後は変数は必ず宣言して使うようにしましょう。本節ではその手法について解説します。

変数を宣言して使うための準備 – Option Explicit ステートメント

VBAは、マクロの中にキーワード以外の用語を見つけたら、すべてユーザーが独自に定義した変数と判断して処理を進めます。

これは一見便利なようですが、キーワードと変数が混在するために、時間が経つと作った本人ですら意味がわかりづらいマクロになってしまう危険性があります。

さらには、当然プログラミングミスも増えます。

そこで、VBAでは「宣言した変数しか使えない」ようにするのが定石です。

では、そのテクニックについて順を追って解説します。

まずは、まだ標準モジュールのない新規ブックを作成したら、VBEで次のように操作してください。

❶ [ツール] メニューをクリックする。

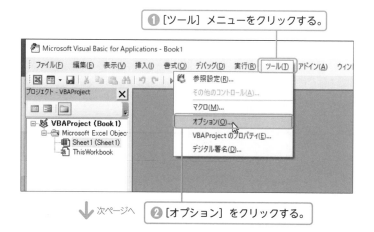

▶ 解説動画
【4章_02】

↓ 次ページへ　❷ [オプション] をクリックする。

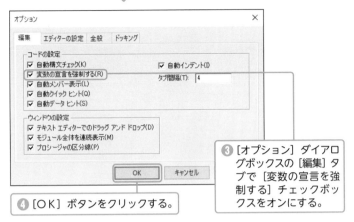

前ページより

③ [オプション] ダイアログボックスの [編集] タブで [変数の宣言を強制する] チェックボックスをオンにする。

④ [OK] ボタンをクリックする。

では、VBEで標準モジュールを追加してください。

次図のように、先頭に自動的に**Option Explicit ステートメント**が表示されます。

① このボタンで標準モジュールを挿入する。

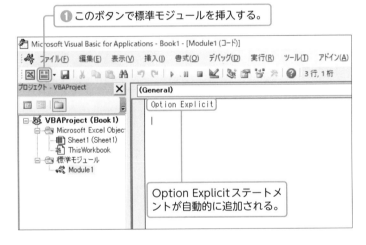

Option Explicit ステートメントが自動的に追加される。

このようにモジュールの先頭にOption Explicit ステートメントを記述すると、そのモジュール内では、このあと解説する「Dim ステートメントで宣言した変数」以外の用語を勝手に使うことができなくなります。

ですから、必然的にプログラミングミスが激減します。

以上の操作で、今後はモジュールを作成するたびに先頭に必ずOption Explicit ステートメントが自動的に記述されますので、この設定は今後もずっとこのままにしてください。

変数を宣言する方法 – Dim ステートメント

では、今度は「変数を宣言する方法」の解説に入りましょう。

変数は、**Dimステートメント**を使って、次のように宣言します。

```
Sub DisplayWBName()
    Dim myWBName

    myWBName = Workbooks(1).Name
    MsgBox "最初に開いたブックは" & myWBName & "です"
End Sub
```

Dimステートメントは、「この用語は私が定義する変数です」と、変数を明示的に宣言するもので、通常はマクロタイトルのすぐあとに記述します。

これで、マクロ内ではDimステートメントで宣言した変数以外の「勝手に作った用語」は一切使えなくなります。

練習問題

問題 4-3

次の文章の①と②に入る単語を答えなさい。解答は、巻末の275ページを参照のこと。

変数は（①）ステートメントでマクロタイトルのすぐ下で宣言する。そして、（①）ステートメントで宣言されていない変数をマクロ内で使えないようにするためには、モジュールの先頭に（②）ステートメントを記述する。

 ヒント

126ページ参照

4-04

変数のデータ型

変数に格納されるデータの種類はあらかじめ決まっています。ワークシートの数を記憶するための変数には数字が代入されます。もし文字列が代入されたら、それはプログラミングミスです。では、変数に格納するデータの種類について解説します。 [4章.xlsm] 参照

変数のデータ型とは？

変数には**データ型**があります。データ型とは、変数に格納するデータの種類を意味します。

次のマクロを見てください。

事例36　ワークシート数を数える　　◎ [4章.xlsm] Module2
```
Sub DisplayWSCnt()
    Dim myWSCnt As Long

    myWSCnt = ActiveWorkbook.Worksheets.Count
    MsgBox myWSCnt
End Sub
```
「ワークシートの枚数」という「整数」を取得している。

▶ 解説動画
【4章_03】(事例36)

アクティブブックのワークシート数を**Countプロパティ**で数えて、変数「myWSCnt」に代入しています。

ワークシートの数を取得しているのですから、このケースでは「myWSCnt」には必ず「数値」が格納されます。厳密には「整数」が格納されます。「ABC」のような「文字列」が格納されることはあり得ません。

変数に格納されるデータの値は、マクロを実行するときの状況によって変化します。しかし、データの種類は変化しません。であるならば、あらかじめ「この変数には、このような種類のデータを格納します」と変数のデータ型を宣言すれば、マクロはより一層読みやすく、また、ミスの少ないものになるはずです。

4

変数を理解しよう

129

変数のデータ型は、**As キーワード**を使った次の構文で変数と一緒に宣言します。

事例36のマクロ「DisplayWSCnt」では、変数を「(長) 整数型 (Long)」で宣言して、変数に代入するデータは整数であることを明示しています。

データ型の宣言によりプログラミングミスを回避する

変数のデータ型を宣言すると、プログラミングミスも回避しやすくなります。宣言された型と違う種類のデータを変数に代入すると、マクロが実行時エラーを返すからです。

次のマクロでは、「(長) 整数型」変数に「ワークシートの名前」という「文字列」を代入しているため、実行するとエラーが発生します。

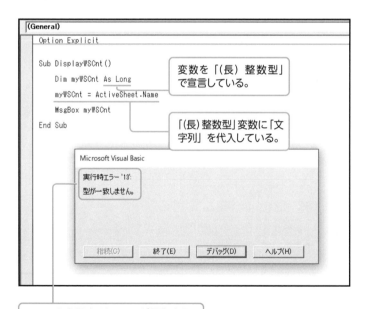

```
(General)

    Option Explicit

    Sub DisplayWSCnt()
        Dim myWSCnt As Long           変数を「(長) 整数型」
        myWSCnt = ActiveSheet.Name     で宣言している。
        MsgBox myWSCnt
                                       「(長) 整数型」変数に「文
    End Sub                           字列」を代入している。
```

変数を「(長) 整数型」で宣言している。

「(長) 整数型」変数に「文字列」を代入している。

Microsoft Visual Basic

実行時エラー '13':
型が一致しません。

| 継続(C) | 終了(E) | デバッグ(D) | ヘルプ(H) |

マクロを実行するとエラーが発生する。

主なデータ型

次の表は、変数の主なデータ型について解説したものです。

データ型	値の範囲
バイト型 (**Byte**)	0〜255の正の整数値を保存する。
ブール型 (**Boolean**)	TrueまたはFalseを保存する。 (183ページ参照)
整数型 (**Integer**)	-32,768〜32,767の整数値を保存する。
(長) 整数型 (**Long**)	Integerでは保存できない大きな桁の整数値を保存する。 -2,147,483,648〜 2,147,483,647
通貨型 (**Currency**)	Longよりも桁の大きな小数点を含む数値を保存する。 -922,337,203,685,477.5808〜 922,337,203,685,477.5807
(単精度浮動) 小数点数型 (**Single**)	小数点を含む数値を保存する。 正の値 約1.4×10(-45乗)〜1.8×10(38乗) 負の値 約-3.4×10(38乗)〜-1.4×10(-45乗)
(倍精度浮動) 小数点数型 (**Double**)	Singleよりも桁の大きな小数点を含む数値を保存する。 正の値 約4.9×10(-324乗)〜1.8×10(308乗) 負の値 約-1.8×10(308乗)〜-4.0×10(-324乗)
日付型 (**Date**)	日付と時刻を格納する。
文字列型 (**String**)	文字列を格納する。
オブジェクト型 (**Object**)	オブジェクトへの参照を格納する。
バリアント型 (**Variant**)	あらゆる種類の値を格納する。

「(長) 整数型 (Long)」の事例はすでに紹介しましたので、ここではあと3つ、「文字列型 (String)」「バリアント型 (Variant)」「オブジェクト型 (Object)」について解説することにしましょう。

文字列型ー String

文字列型 (String) 変数には文字列を格納できます。事例35の
マクロ「DisplayWBName」の変数「myWBName」は、ブック名
を格納するための変数ですから、次のように文字列型で宣言で
きます。

🔍 参考

120ページ参照

```
Sub DisplayWBName()
    Dim myWBName As String

    myWBName = Workbooks(1).Name
    MsgBox "最初に開いたブックは " & myWBName & " です"
End Sub
```

文字列変数には数値も格納できます。しかし、その数値はあく
までも電話番号のような「文字列としての数値」であって「演算
用の数値」ではありません。変数を演算の対象にするときには、
(長) 整数型 (Long) で変数を宣言してください。

---

column　**Long と Double を使用したマクロの作成**

131ページのデータ型をまとめた表を見て最初は戸
惑うと思いますが、ここでは「整数」と「小数点を含
む数値」のデータ型についてお話しします。

まず、「整数」には「Byte」「Integer」「Long」の3つ
がありますが、そもそも「Byte」は値の範囲が狭すぎ
てこれを使うケースはまずないと覚えてください。

そして、VBAの長い歴史の中で「Integer」と「Long」
は使い分けるというのがプログラミングの定石でした
が、昨今は「Integer」を使わないプログラミングを推
奨するプログラマーが急増しています。

そもそも、「Integer」はパソコンのスペックが低かっ
た1990年代には主流のデータ型でしたが、パソコン
が高スペックになった昨今では、「大は小を兼ねる」で
「Integer」は一切使わずに「Long」だけを使用するプ
ログラミングが定石になりつつあります。

また、そうした事情から、「Long」は厳密には「(長)

整数型」と呼ばれますが、最近では単に「整数型」と
呼ばれています。

本書でもこの新しい慣習を踏襲して、「Integer」では
なく「Long」を使用しています。

次に「小数点を含む数値」ですが、これは「Currency」
「Single」「Double」の3つがありますが、そもそも
「Currency」を使わなければならないほどの大きな桁数
の数値を扱うことはほとんどありません。

そして、「整数」の場合と同様に「大は小を兼ねる」
で、「Single」は一切使わずに「Double」だけを使用す
るプログラミングが定石になりつつあります。

また、そうした事情から、「Double」は厳密には「倍
精度浮動小数点数型」と呼ばれますが、最近では単に
「小数点数型」と呼ばれています。

本書でもこの新しい慣習を踏襲して、「Single」では
なく「Double」を使用しています。

バリアント型 ー Variant

バリアント型 (Variant) 変数には、「整数」「文字列」「日付」などのあらゆるデータ型を格納できます。つまり、データ型を意識する必要がないという点では初級者向きの変数です。

しかし、マクロを読むときに、どのような型のデータを格納するための変数であるのかがわからない上に、当然、プログラミングのミスも増えますので、バリアント型は使わないのが定石です。

ちなみに、変数を宣言するときにデータ型の指定を省略すると、その変数はバリアント型になります。

> データ型の指定を省略した変数のデータ型はバリアント型になる。

Dim myWSCnt As Variant
    = **Dim myWSCnt**

> バリアント型の宣言

オブジェクト型 (1) ー Set ステートメント

データ型に「オブジェクトの型」を指定すると、その変数は**オブジェクト型変数**になります。

では、次のマクロを見てください。それぞれ①②③のステートメントについて解説します。

事例37 **オブジェクト変数を使ったマクロ**

◎ [4章.xlsm] Module2

```
Sub SetObject()
    Dim myWSheet As Worksheet                    ―①

    Set myWSheet = Workbooks("Dummy.xlsx").
    Worksheets("Sheet2")                          ―②

    myWSheet.Range("A1:D10") = "ABC"              ―③
End Sub
```

▶ 解説動画
【4章_04】(事例37)

①オブジェクト変数を宣言する

　この宣言によって「myWSheet」はオブジェクト変数となります。

②オブジェクト変数にオブジェクトを格納する

　Setステートメントを使って変数「myWSheet」に「Workbooks ("Dummy.xlsx").Worksheets ("Sheet2")」という**オブジェクトを格納**しています。

　Setステートメントは、変数にオブジェクトを格納するためのキーワードで、必ず②のステートメントのように、変数の前、命令文の冒頭に記述します。ですから、以下のSetステートメントを使用していない命令文は間違いです。

間違った命令文
```
myWSheet = Workbooks("Dummy.xlsx").Worksheets("Sheet2")
```

ここに Set ステートメントがないので、変数
「myWSheet」にはオブジェクトが格納されない。

　以上の結果、このマクロの②以降のステートメントでは、変数「myWSheet」を使って「Workbooks ("Dummy.xlsx").Worksheets ("Sheet2")」というオブジェクトを操作できるようになります。

point　　Setステートメントで変数に格納されるもの

　変数に代入しているのは「Workbooks("Dummy.xlsx").Worksheets("Sheet2")」という文字列ではありません。「Workbooks("Dummy.xlsx").Worksheets("Sheet2")」というオブジェクトを格納しているのです。ここはくれぐれも間違えないようにしてください。

③オブジェクト変数を使ってオブジェクトを操作する

　このケースでは、変数「myWSheet」は「Workbooks ("Dummy.xlsx").Worksheets ("Sheet2")」という Worksheet オブジェクトと同義です。したがって、変数「myWSheet」に対して Range プロパティが使えるのです。

このマクロを実行すると、[Dummy.xlsx] の「Sheet2」のセル A1:D10 には「ABC」と入力されます。[Dummy.xlsx] を開いてから試してみてください。

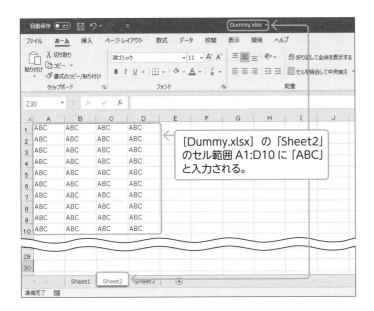

[Dummy.xlsx] の「Sheet2」のセル範囲 A1:D10 に「ABC」と入力される。

---

column **オブジェクト型変数をもっとも効果的に使う**

どのようなケースでオブジェクト型変数を使うべきなのかは一概に結論付けられるものではありませんが、筆者が「効果的」と感じるのは「Addメソッドとの併用」です。

右のマクロは、新規シートを追加して、そのシートの名前を「売上」に変更するものです。

```
Sub 新規シートの名前の変更()
    Dim myWS As Worksheet

    Set myWS = Worksheets.Add

    myWS.Name = "売上"
End Sub
```

オブジェクト型 (2) −固有オブジェクト型と総称オブジェクト型

オブジェクト変数が使えるのは Worksheet オブジェクトだけではありません。

次の例のように、Workbook オブジェクトや Range オブジェクトなどのさまざまなオブジェクトも扱うことができます。

```
Sub SetObject2()
    Dim myWBook As Workbook
    Dim myWSheet As Worksheet
    Dim myCell As Range

    Set myWBook = Workbooks("Dummy.xlsx")
    Set myWSheet = Workbooks("Dummy.xlsx"). _
        Worksheets("Sheet2")
    Set myCell = Workbooks("Dummy.xlsx"). _
        Worksheets("Sheet2").Range("A1:D10")

    myWBook.Activate
    myWSheet.Activate
    myCell.Value = "ABC"
End Sub
```

　このマクロは、各オブジェクト変数を個別に定義しただけの
もので、事例37のマクロ「SetObject」とまったく同じ動作をし
ます。
　マクロ「SetObject2」では、データ型を「As Workbook」「As
Worksheet」「As Range」のように、オブジェクトの種類を特定
して宣言していますが、このように宣言された変数を**固有オブ
ジェクト型変数**と呼びます。
　その一方で、オブジェクト変数を宣言するときには、オブジェ
クトの種類を特定せずに、次のようにすべて**Objectキーワード**
を使用して宣言することもできます。

```
Sub SetObjects3()
    Dim myWBook As Object
    Dim myWSheet As Object
    Dim myCell As Object

    Set myWBook = Workbooks("Dummy.xlsx")
    Set myWSheet = Workbooks("Dummy.xlsx"). _
        Worksheets("Sheet2")
    Set myCell = Workbooks("Dummy.xlsx"). _
        Worksheets("Sheet2").Range("A1:D10")

    myWBook.Activate
    myWSheet.Activate
    myCell.Value = "ABC"
End Sub
```

　このように、Objectキーワードで宣言した変数を**総称オブジ
ェクト型変数**と呼びます。

参考

　固有オブジェクト型変数と総
称オブジェクト型変数とでは、機
能的には大きな差異はありませ
んが、固有オブジェクト型には、
マクロが読みやすい、エラーが発
見しやすい、実行速度が若干向上
するなどの利点がありますので、
なるべく固有オブジェクト型変
数を使ってください。

複数の変数の宣言構文

　複数の変数を宣言するときには、これまで見てきたように、複数行に分割して記述する方法のほかに、カンマで区切って1行で記述する方法もあります。

　複数の変数を宣言するときに重要なことは、各変数ごとにデータ型を宣言しなければならないことです。これは、たとえその1行の変数がすべて同じデータ型であっても同様です。

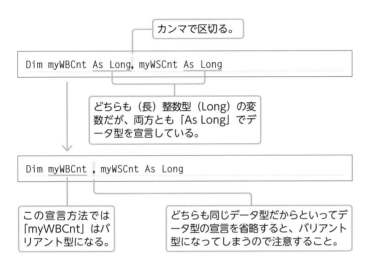

カンマで区切る。

```
Dim myWBCnt As Long, myWSCnt As Long
```

どちらも（長）整数型（Long）の変数だが、両方とも「As Long」でデータ型を宣言している。

```
Dim myWBCnt , myWSCnt As Long
```

この宣言方法では「myWBCnt」はバリアント型になる。

どちらも同じデータ型だからといってデータ型の宣言を省略すると、バリアント型になってしまうので注意すること。

変数を理解しよう

---

column　i = i + 1

　変数に「1」を加算するステートメント

```
i = i + 1
```

は、マクロの入門者にはかなり抵抗があるようです。数学の世界では

```
i = i + 1
```

などという等式は成り立たないからです。

　しかし、ここまで学習を進めてきたみなさんはもう入門者ではありません。したがって、恐らくこのステートメントに違和感を覚えることはないでしょう。このステートメントは言うまでもなく、右辺の値を左辺に

代入しているもので、「=」は決して等号を意味するものではありません。本来は

```
i ← i + 1
```

と表せれば混乱することはないのでしょうが、この表記が許されないために「=」を使っているに過ぎないのです。

```
i = i + 1
```

　このステートメントを違和感なく受け入れられるようになったら、あなたも立派なVBAプログラマーです。

練習問題

次の問題を解きなさい。解答は、巻末の275ページを参照のこと。

問題 4-4-1

次のマクロを実行したら、図のようなエラーが発生した。マクロをどのように修正したらこのエラーが回避できるかを答えなさい。

```
Sub Macro1()
    Dim n As Integer

    n = 50000

    MsgBox n / 10
End Sub
```

ヒント

データ型の値の範囲について確認しましょう。

問題 4-4-2

新規シートを作成して、そのシートを一番最後に移動するために次のマクロを作ったが、1つ間違いがある。その間違いを答えなさい。

```
Sub 新規シート()
    Dim myWS As Worksheet

    myWS = Worksheets.Add

    myWS.Move After:=Sheets(Sheets.Count)
End Sub
```

ヒント

オブジェクト変数にオブジェクトを格納する際に注意することを確認しましょう。

問題 4-4-3

行数を格納する変数「myRowCount」と、列数を格納する変数「myColCount」を次のように宣言した。

```
Dim myRowCount, myColCount As Long
```

しかし、この宣言文は理想的なものではない。その理由を答えなさい。

ヒント

変数のデータ型を宣言する際に注意することを確認しましょう。

条件分岐を理解しよう

筆者は、プログラムの一番の醍醐味は、「もし〜だったら、〜を実行する」という条件分岐だと思っています。条件分岐をマスターすると、プログラミングの幅はぐっと広がり、そこに見えるのは、もはや「マクロ」ではなく、「VBAで開発したプログラム」の世界です。それでは、楽しみながら条件分岐を学習していきましょう。

5-01

If...Then...Else ステートメント

「もし状況が A だったら処理 X を実行し、もし状況が B だったら処理 Y を実行する」。このように「状況に応じて処理を選択する」手法を「条件分岐」と呼びます。ここでは、豊富な事例を揃えて VBA プログラミングの重要テクニックである条件分岐に迫ります。　　　 [5章-1.xlsm] 参照

単一条件判断 (1) ― 1 行形式の If ステートメント

　条件分岐を実現する最もシンプルな **If...Then...Else ステートメント**（以下、If ステートメント）の構文は、1 行形式のものです。

　次の例は、「もし C 列が非表示だったら再表示する」ステートメントです。

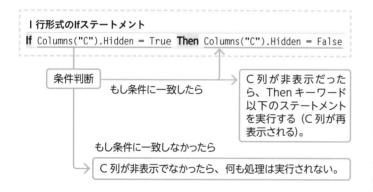

| 1 行形式のIfステートメント
```
If Columns("C").Hidden = True Then Columns("C").Hidden = False
```

条件判断
もし条件に一致したら → C 列が非表示だったら、Then キーワード以下のステートメントを実行する（C 列が再表示される）。

もし条件に一致しなかったら → C 列が非表示でなかったら、何も処理は実行されない。

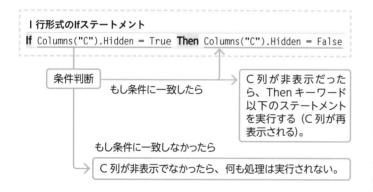

> ✔ **チェック**
>
> 「=」の右辺に True というプロパティの値がありますが、これは Hidden プロパティに True を代入しているのではなく、Hidden プロパティの値が True かどうかを判断しているだけです。
>
> 　この場合の「=」は、数学の等号と同じ意味です。

■ 練習問題

問題 5-1-1

　次のマクロを 1 行形式の If ステートメントを使って作成しなさい。解答は、巻末の 276 ページを参照のこと。

　もし、ワークシート「Sheet1」が非表示だったら再表示する。

> 💡 **ヒント**
>
> 1 行形式の If ステートメントについて確認しましょう。

いま紹介した1行形式のステートメントは、次のような2行以上のブロック形式にすることもできます。

ブロック形式の場合には、最初の行で条件判断をして、次行以降で処理を実行します。そして、最終行には、ブロックの終わりを明示するキーワード「End If」を記述します。

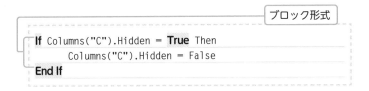

なお、Then キーワード以降の命令が複数あるときは、必然的にブロック形式となります。

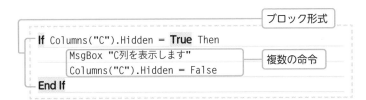

練習問題

問題 5-1-2

次のマクロをブロック形式の If ステートメントを使って作成しなさい。

もし、ワークシート「Sheet1」が非表示だったら、「Sheet1」を再表示して、シート見出しの色を「赤」にする。

なお、シート見出しは次のステートメントで「赤」にできる。解答は、巻末の276ページを参照のこと。

```
Worksheets("Sheet1").Tab.Color = vbRed
```

ヒント

ブロック形式のIfステートメントについて確認しましょう。

複数条件判断

　Ifステートメントは、「もし状況がAだったら処理Xを実行しなさい、もし状況がBだったら処理Yを実行しなさい、…」と、複数の条件を判断して処理を分岐することも可能です。

　次のマクロを見てください。

事例38　複数の条件を判断するIfステートメント

◎　[5章.xlsm] Module1

```
Sub SchoolIf()
    If Range("A1").Value = 1 Then
        MsgBox "あなたは1年生ですね"    —①

    ElseIf Range("A1").Value = 2 Then
        MsgBox "あなたは2年生ですね"    —②

    ElseIf Range("A1").Value = "3" Then
        MsgBox "あなたは3年生ですね"    —③

    Else
        MsgBox "学年を入力してください"    —④
    End If
End Sub
```

▶ 解説動画
【5章_01】(事例38)

　このマクロを図式化すると次のようになります。

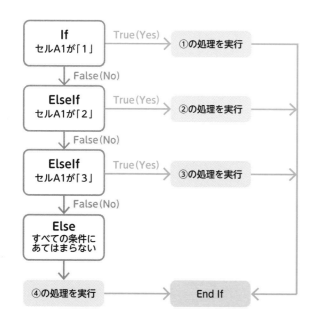

このように、**ElseIf節**を使うと条件の数を無制限に増やせます。上から順に条件判断をし、一致した時点で処理が実行されるのです。

ただし、対象がいずれの条件にも該当しないという状況も当然考えられます。こうした場合には、構文の最後に**Else節**を記述して、そこでしかるべき処理を実行します。

マクロ「SchoolIf」では、セルA1の値が「1」でも「2」でも「3」でもないときには、Else節で学年の入力を促すメッセージを表示しています。このElse節は、必要なときのみ記述します。

条件分岐のための演算子 (1) −比較演算子

比較演算子や論理演算子は、より高度に、またより複雑に条件を判断して処理を分岐するために必要な演算子です。

123ページでも解説しましたが、**比較演算子**を表にしてみましょう。

比較演算子	例	選択範囲
=	If Range("A1") = 100 Then …	100**と等しければ**
>	If Range("A1") > 100 Then …	100**より大きければ**
<	If Range("A1") < 100 Then …	100**より小さければ**
>=	If Range("A1") >= 100 Then …	100**以上ならば**
<=	If Range("A1") <= 100 Then …	100**以下ならば**
<>	If Range("A1") <> 100 Then …	100**でなければ**

条件分岐のための演算子 (2) − And 演算子

「もし条件AがXで、なおかつ条件BがYだったら処理を実行しなさい」のように、同時に複数の条件を判断して初めて処理を分岐できる場合もあります。こうしたケースでは一般的に、**論理演算子**と呼ばれるものの中から、And演算子かOr演算子を使って条件を連結します。

まずは、**And演算子**について学びましょう。

And演算子で連結されたIfステートメントでは、個々の条件がすべて満たされた場合にのみTrueが返され、Thenキーワード以降のステートメントが実行されます。

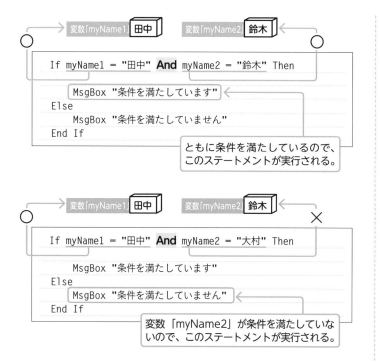

```
If myName1 = "田中" And myName2 = "鈴木" Then
        MsgBox "条件を満たしています"
Else
        MsgBox "条件を満たしていません"
End If
```

ともに条件を満たしているので、このステートメントが実行される。

```
If myName1 = "田中" And myName2 = "大村" Then

        MsgBox "条件を満たしています"
Else
        MsgBox "条件を満たしていません"
End If
```

変数「myName2」が条件を満たしていないので、このステートメントが実行される。

■ 練習問題

問題 5-1-3

　セル A1 とセル B1 の値がそれぞれ 100、50 だとする。この場合、次のステートメントで実行されるのは①か②かを答えなさい。解答は、巻末の 276 ページを参照のこと。

```
If Range("A1").Value >= 100 And Range("B1").Value <> 100 Then
    MsgBox "条件を満たしています"        ―①
Else
    MsgBox "条件を満たしていません"      ―②
End If
```

 ヒント

　比較演算子と And 演算子について確認しましょう。

条件分岐のための演算子 (3) ― Or 演算子

次は、**Or演算子**です。

Or演算子で連結されたIfステートメントでは、個々の条件のいずれかが満たされていればTrueが返され、Thenキーワード以降のステートメントが実行されます。

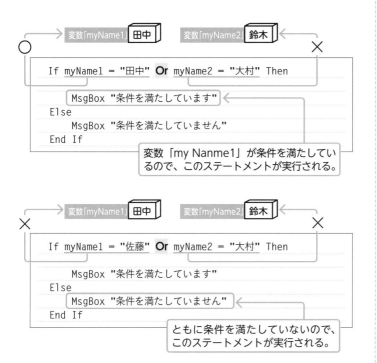

```
If myName1 = "田中" Or myName2 = "大村" Then
        MsgBox "条件を満たしています"
Else
        MsgBox "条件を満たしていません"
End If
```

変数「my Nanme1」が条件を満たしているので、このステートメントが実行される。

```
If myName1 = "佐藤" Or myName2 = "大村" Then
        MsgBox "条件を満たしています"
Else
        MsgBox "条件を満たしていません"
End If
```

ともに条件を満たしていないので、このステートメントが実行される。

練習問題

問題 5-1-4

セルA1とセルB1の値がそれぞれ100、50だとする。この場合、次のステートメントで実行されるのは①か②かを答えなさい。解答は、巻末の276ページを参照のこと。

ヒント

比較演算子とOr演算子について確認しましょう。

```
If Range("A1").Value > 100 Or Range("B1").Value <> 50 Then
        MsgBox "条件を満たしています"          ―①
Else
        MsgBox "条件を満たしていません"          ―②
End If
```

5

条件分岐を理解しよう

145

「= True」「= False」の省略

　条件がTrueかFalseかを判断するIfステートメントの場合、「= True」、「= False」の記述を省略することができます。あわせて、And演算子やOr演算子同様に論理演算子である**Not演算子**についても学習しましょう。

- 「= True」の省略

```
If Columns("C").Hidden = True Then MsgBox "非表示です"
```

　　　　　　　　「= True」を省略する。

```
If Columns("C").Hidden Then MsgBox "非表示です"
```

- 「= False」の省略

```
If Columns("C").Hidden = False Then MsgBox "表示されています"
```

　　　　　　　　「= False」を省略する。

```
If Not Columns("C").Hidden Then MsgBox "表示されています"
```

　　　　　状態を反転させるNot演算子を使うと、このように「= False」を省略することができる。

練習問題

問題 5-1-5

　次のマクロを、「= False」を省略した1行形式のIfステートメントで作成しなさい。解答は、巻末の277ページを参照のこと。

　もし、ワークシート「Sheet1」が非表示だったら再表示する。

 ヒント

Ifステートメントで「= False」を省略した場合に行わなければならない処理について確認しましょう。

146

Select Case ステートメント

Ifステートメントの中でElseIf節を使えば、条件の数は無制限に増やせます。しかし、あまりに ElseIf 節を列挙してしまうと、マクロは読みづらいものになります。こうしたときにはSelect Case ステートメントを使いましょう。

(◉) [5章.xlsm] 参照

比較演算子を使った Select Case ステートメント

　次のマクロは、セル A1 の得点によってセル B1 にさまざまなメッセージを表示するものですが、セル A1 の内容を ElseIf 節で繰り返し判断しているため、冗長なマクロとなっています。

```
Sub TestResult()
    If Range("A1").Value > 80 Then
        Range("B1").Value = "優"
    ElseIf Range("A1").Value > 60 Then
        Range("B1").Value = "良"
    ElseIf Range("A1").Value > 40 Then
        Range("B1").Value = "可"
    Else
        Range("B1").Value = "不可"
    End If
End Sub
```

　このように、単独の対象（ここでは「Range ("A1") .Value」）の条件を繰り返し判断するときには、**Select Case ステートメント**を使うと次のようにシンプルになります。

「Select Case」で始まって「End Select」で終了する。

条件判断の対象は1つ記述するだけでよい。

解説動画
【5章_02】(事例39)

事例39 Select Caseステートメントで条件分岐を簡略化する
◎ [5章.xlsm] Module1

```
Sub TestResult()
    Select Case Range("A1").Value
        Case Is > 80
            Range("B1").Value = "優"
        Case Is > 60
            Range("B1").Value = "良"
        Case Is > 40
            Range("B1").Value = "可"
        Case Else
            Range("B1").Value = "不可"
    End Select
End Sub
```

結果的にマクロはシンプルになる。

いずれの条件も満たさなかった場合に実行される**Case Else**節は、不要であれば省略できる。

Select Caseステートメントのポイントは、

```
        Case Is > 80
```

と、「Is 比較演算子 値」になる点です。この「Is」は省略できません。

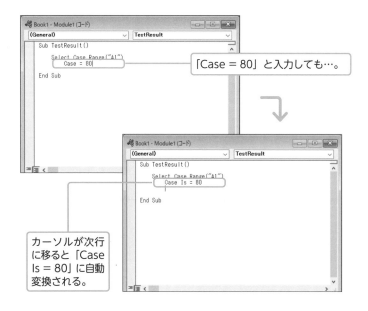

「Case = 80」と入力しても…。

カーソルが次行に移ると「Case Is = 80」に自動変換される。

比較演算子を使わない Select Case ステートメント

　Select Case ステートメント内では、比較演算子を使わない記述も許されています。

　それでは、事例39のマクロ「TestResult」を、比較演算子を使わない形式にしてみましょう。

```
Sub TestResult()
    Select Case Range("A1").Value
        Case 81 To 100
            Range("B1").Value = "優"
        Case 61 To 80
            Range("B1").Value = "良"
        Case 41 To 60
            Range("B1").Value = "可"
        Case Else
            Range("B1").Value = "不可"
    End Select
End Sub
```

　この例では比較演算子を使わずに、なおかつ **To** で範囲を指定しています。また、範囲を指定する必要がないときには、「Case 80」のように記述します。

　比較演算子を使わないときには「Is」は不要です。

5
条件分岐を理解しよう

---

column　アルファベットも範囲指定できる

　Select Case ステートメントでは、アルファベットも範囲指定することができます。

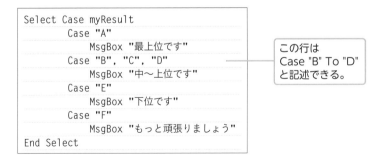

```
Select Case myResult
    Case "A"
        MsgBox "最上位です"
    Case "B", "C", "D"
        MsgBox "中〜上位です"
    Case "E"
        MsgBox "下位です"
    Case "F"
        MsgBox "もっと頑張りましょう"
End Select
```

> この行は
> Case "B" To "D"
> と記述できる。

　数値に順序があるように、アルファベットにも順序がありますので、この例のように「To」で範囲が指定できるのです。

問題 5-2

下表のように、セルA1の値によってセルB1にデータを入力したい。

 ヒント

Select Case ステートメントが条件を判断する順番に注意して考えましょう。

セルA1	セルB1
80以上	A
60以上	B
40以上	C

そして、次のマクロを作成したが、セルA1が「85」なのに、セルB1には「C」と表示されてしまう。

```
Sub TestResult()
    Select Case Range("A1").Value
        Case Is >= 40
            Range("B1").Value = "C"
        Case Is >= 60
            Range("B1").Value = "B"
        Case Is >= 80
            Range("B1").Value = "A"
        Case Else
            Range("B1").Value = "不可"
    End Select
End Sub
```

この原因を突き止め、「To」を使って正しいマクロに書き換えなさい。解答は、巻末の277ページを参照のこと。

6章

繰り返し処理（ループ）を理解しよう

みなさんも日常生活の中で「ループ」という言葉を使う機会があると思いますが、VBAでもループ、すなわち同一の処理を繰り返すことができます。セルの値を1つずつ調べて、ある条件を満たしていたら背景色を変更するといった処理は、ループのテクニックを知らなければ開発できません。では、本章でループについて学ぶことにしましょう。

For...Nextステートメント

同一処理を何度も繰り返すことを「ループ」と呼びます。ループには、指定した回数だけ処理を繰り返す方法や、ある特定の状況が発生するまで処理を繰り返す方法がありますが、For...Nextステートメントは、あらかじめ処理回数を指定する基本的なループ方法です。 [6章-1.xlsm] 参照

For...Next ステートメントとは？

　同一処理を指定した回数だけ繰り返す（**ループ**）ときには、**For...Next ステートメント**を使います。

　次のマクロは、セルA1：A10に1から10までの数字を入力するものです。

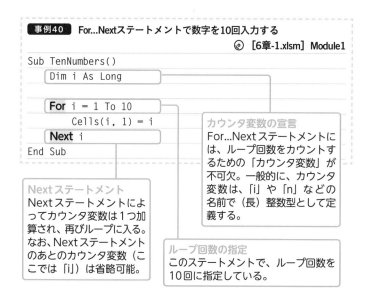

■事例40　For...Nextステートメントで数字を10回入力する

[6章-1.xlsm] Module1

```
Sub TenNumbers()
    Dim i As Long

    For i = 1 To 10
        Cells(i, 1) = i
    Next i
End Sub
```

カウンタ変数の宣言
For...Nextステートメントには、ループ回数をカウントするための「カウンタ変数」が不可欠。一般的に、カウンタ変数は、「i」や「n」などの名前で（長）整数型として定義する。

Nextステートメント
Nextステートメントによってカウンタ変数は1つ加算され、再びループに入る。なお、Nextステートメントのあとのカウンタ変数（ここでは「i」）は省略可能。

ループ回数の指定
このステートメントで、ループ回数を10回に指定している。

▶ 解説動画
【6章_01】（事例40）

column カウンタ変数の最低値とStepキーワード

通常は、カウンタ変数の最低値には「1」を指定しますが、状況しだいでは次のような最低値も指定可能です。

●カウンタ変数の最低値を「3」としたステートメント

```
For i = 3 To 10
```

「3」〜「10」まで処理は8回繰り返される。

また、**Step**キーワードを使うと、カウンタ変数の増減値を自由に設定することができます。

●カウンタ変数の増加値を「2」としたステートメント

```
For i = 1 To 10 Step 2
```

カウンタ変数は「2」ずつ増加するので、処理は計5回繰り返される。

さらに、次のステートメントのように、カウンタ変数を減少させながらループすることもできます。

●カウンタ変数を減少させながらループするステートメント

```
For i = 10 To 1 Step -1
```

For...Next ステートメントの中で Step キーワードを利用する

　Stepキーワードでカウンタ変数を減少させながらループするテクニックを習得すると、こんなマクロが作れます。

　たとえば、次図のようにワークシートが5枚あって、この中で、1枚目のワークシートを残して、残りのすべてのワークシートを削除するマクロを考えてみましょう。

この4枚のワークシートを削除する。

　この状況で、一見正しい次のステートメントを実行します（Countプロパティで取得した全ワークシートの枚数をループの最高回数としています）。

```
    For i = 2 To Worksheets.Count
        Worksheets(i).Delete
    Next i
```

この場合、まず最初にWorksheets（2）が削除されて、ワークシートは次図の状態になります。

次に、「i」の値は「3」になっているので、

```
        Worksheets(i).Delete
```

で削除されるのは、左から3番目の「Sheet4」で、「Sheet3」が削除されずに残ってしまいます。

したがって、このようなケースでは、シートを後ろから削除しなければなりません。

そして、それを実現するには、次のマクロのようにカウンタ変数を減少させながらループするテクニックを知らなければなりません。

事例41 For...Nextステートメントでシートを後ろから削除する
◎ [6章-1.xlsm] Module1

```
Sub DeleteFromBack()

    Dim i As Long

    Application.DisplayAlerts = False

    For i = Worksheets.Count To 2 Step -1
        Worksheets(i).Delete
    Next

    Application.DisplayAlerts = True

End Sub
```

▶ 解説動画
【6章_02】（事例41）

問題 6-1

　次図のように、メッセージボックスに表示される数が1ずつ、最終的に「5」まで増えていくマクロを作成しなさい。解答は、巻末の277ページを参照のこと。

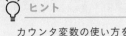

ヒント

　カウンタ変数の使い方を確認しましょう。

For...Next ステートメントを終了する

　今度は、For...Next ステートメントの中で条件分岐が発生するケースを紹介します。

　次のマクロは、全シートの中に「Sheet4」という名前のシートを見つけた時点で、そのシートを削除してそのまま **Exit For** でループを抜けてしまいます。

　ここでも、Count プロパティで取得した全シートの数がループの最高回数となります。

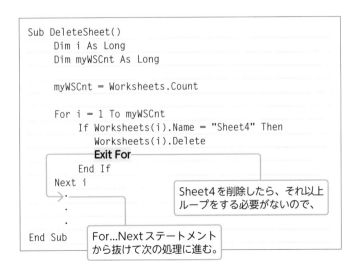

6

繰り返し処理（ループ）を理解しよう

155

For Each...Next ステートメント

前ページのマクロ「DeleteSheet」では、Worksheets コレクションの各オブジェクトを対象に条件判断を繰り返していましたが、コレクションを対象にループするときには For Each...Next ステートメントを使用した方が便利です。

[6章-2.xlsm] 参照

For Each...Next ステートメントでコレクションに対してループする

　前ページのマクロ「DeleteSheet」は、全ワークシートの中から「Sheet4」という名前のシートを削除するものでした。「DeleteSheet」では、「全ワークシートの数」がループの最高回数です。そして、ループの最高回数を指定するために、Worksheets コレクションの Count プロパティでワークシートの数を取得しています。

　しかし、このマクロのように、コレクションに含まれる個々のオブジェクトを連続して処理するときには、**For Each...Next ステートメント**を使えば、コレクションに含まれるオブジェクト数を意識することなく、コレクションを対象にループするマクロが作成できます。

> For Each 節の構文
> ## For Each オブジェクト変数 In コレクション

　それでは、前ページのマクロ「DeleteSheet」を、For Each...Next ステートメントで書き換えてみましょう。

オブジェクト変数の宣言
For Each...Next ステートメントの中で使うオブジェクト変数を定義する。

解説動画
【6章_03】(事例42)

事例42 For Each...Nextステートメントで特定のワークシートを削除する
◎ [6章-2.xlsm] Module1

```
Sub DeleteSheet()
    Dim mySheet As Worksheet

    For Each mySheet In Worksheets
        If mySheet.Name = "Sheet4" Then
            mySheet.Delete
            Exit For
        End If
    Next mySheet
End Sub
```

For Each節の構文
For Each オブジェクト変数 In コレクション

Nextステートメント
Nextステートメントによって、コレクション内の次のオブジェクト（ここではWorksheetsコレクション内のWorksheetオブジェクト）を参照する。そして、すべてのオブジェクトを参照した時点でループは終了する。
なお、Nextステートメントのあとのオブジェクト変数（ここでは「mySheet」）は省略可能。

 参考

オブジェクト変数については、133ページを参照してください。

6

繰り返し処理（ループ）を理解しよう

練習問題

問題 6-2-1

開いているブックをすべて調べて、変更されている場合には上書き保存するマクロを For Each...Next ステートメントを使って作成しなさい。

なお、ブックが変更されているかどうかの判断ですが、Workbook オブジェクトの Saved プロパティが「False」ならば、そのブックは変更されています。解答は、巻末の278ページを参照のこと。

💡 **ヒント**

For Each...Next ステートメントとブロック形式のIfステートメントをうまく組み合わせて考えましょう。

For Each...Next ステートメントでセル範囲に対してループする

　次のマクロは、セルA1：D10の値を調べ、70以上だったらセルの背景色を黄色にするものです。

● 解説動画
【6章_04】（事例43）

事例43　For Each...Nextステートメントで特定のセルの背景色を黄色にする
◎ [6章-2.xlsm] Module1

```
Sub InteriorYellow()
    Dim myRange As Range

    For Each myRange In Worksheets(1).Range("A1:D10")
        If myRange.Value >= 70 Then myRange.Interior.
        Color = vbYellow
    Next
End Sub
```

オブジェクト変数の宣言
ここでは、変数「myRange」を、セルを表すRange型のオブジェクト変数で定義している。

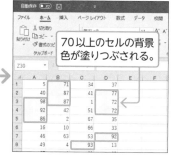

70以上のセルの背景色が塗りつぶされる。

練習問題

問題 6-2-2

　事例43のマクロは、セル範囲A1:D10の中でループしているが、仮に数値が入力されているセル範囲がわからない場合には（ただし、セルA1には必ず数値が入力されている）、どのようなステートメントにしてループをすればよいかを答えなさい。解答は、巻末の278ページを参照のこと。

💡 ヒント

アクティブセル領域について思い出しましょう。

Do...Loop ステートメント

もう1つのループのテクニックであるDo...Loopステートメントは、ループ回数の上限を指定するFor...Nextステートメントとは違って、ある条件が満たされるまで、もしくはある条件が満たされている間は処理を繰り返すものです。 ◎ [6章-2.xlsm] 参照

Do...Loop ステートメントとは？

　For...Nextステートメントの場合には、指定した回数だけループします。For Each...Nextステートメントの場合には、コレクションのオブジェクトの数だけループします。

　Do...Loopステートメントもループを実行する手段の1つです。しかしこれは、「条件が満たされるまで」、もしくは「条件が満たされている間」ループを継続するステートメントです。

　厳密には、Do...Loopステートメントは、次の表のように4種類に区別されます。

	ループの前で条件判断	ループの後で条件判断
条件を満たすまでループ	Do Until...Loop	Do...Loop Until
条件を満たす間はループ	Do While...Loop	Do...Loop While

条件が満たされるまでループする（Until キーワード）

「条件が満たされるまで処理を繰り返す」ときには、**Until キーワード**を使います。

Do Until...Loop（ループの前で条件判断）

次のマクロは、セル A1 から列方向にフォントを太字にする処理を、空白のセルが登場するまで（条件が満たされるまで）繰り返します。

解説動画
【6章_05】（事例44）

事例44 空白のセルが登場するまでフォントを太字にする

◎ 【6章-2.xlsm】Module2

```
Sub FontBold()
    Range("A1").Select

    Do Until ActiveCell.Value = ""        ―①
        ActiveCell.Font.Bold = True       ―②
        ActiveCell.Offset(1).Select       ―③
    Loop
End Sub
```

---

①のステートメントでループ前に条件判断を行い、②のステートメントでアクティブセルのフォントを太字にし、③のステートメントで次行のセルをアクティブセルにします。

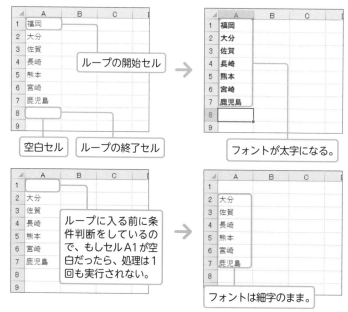

Do...Loop Until（ループの後で条件判断）

　次のマクロも、空白のセルが登場するまで（条件が満たされるまで）ループするものですが、ループの後に条件判断をしていますので、無条件で最低1回は処理が実行されます。

▶ 解説動画
【6章_06】（事例45）

事例45 空白のセルが登場するまでフォントを斜体にする

◎ ［6章-2.xlsm］Module2

```
Sub FontItalic()
    Range("A1").Select

    Do
        ActiveCell.Font.Italic = True        ―①
        ActiveCell.Offset(1).Select          ―②
    Loop Until ActiveCell.Value = ""         ―③
End Sub
```

---

　①のステートメントでアクティブセルのフォントを斜体にし、②のステートメントで次行のセルをアクティブセルにし、③のステートメントでループ後に条件判断を行います。

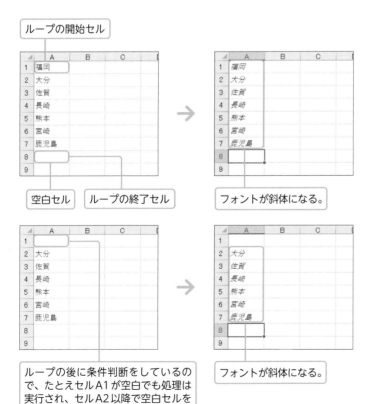

ループの開始セル

空白セル　　ループの終了セル

フォントが斜体になる。

ループの後に条件判断をしているので、たとえセルA1が空白でも処理は実行され、セルA2以降で空白セルを検出した時点でループが終了する。

フォントが斜体になる。

条件を満たす間はループする（While キーワード）

「条件が満たされている間は処理を繰り返す」ときには、**While キーワード**を使います。

Do While...Loop（ループの前で条件判断）

次のマクロは、セルB1から列方向に文字列を入力する処理を、アクティブセルが空白の間は（条件が満たされている間は）繰り返します。

事例46 セルが空白の間は「ABC」と入力する ◎ [6章-2.xlsm] Module2

```
Sub WriteABC()
    Range("B1").Select

    Do While ActiveCell.Value = ""      ─①
        ActiveCell.Value = "ABC"        ─②
        ActiveCell.Offset(1).Select     ─③
    Loop
End Sub
```

▶ 解説動画
【6章_07】（事例46）

①のステートメントでループ前に条件判断を行い、②のステートメントでアクティブセルに文字列（「ABC」）を入力し、③のステートメントで次行のセルをアクティブセルにします。

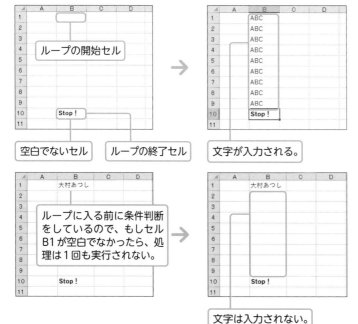

ループの開始セル

空白でないセル

ループの終了セル

文字が入力される。

ループに入る前に条件判断をしているので、もしセルB1が空白でなかったら、処理は1回も実行されない。

文字は入力されない。

Do...Loop While（ループの後で条件判断）

　次のマクロも、アクティブセルが空白の間は（条件が満たされている間は）処理を繰り返しますが、ループの後に条件判断をしていますので、無条件で最低1回は処理が実行されます。

▶解説動画
【6章_08】（事例47）

事例47 セルが空白の間は「DEF」と入力する ⊙ ［6章-2.xlsm］ Module2

```
Sub WriteDEF()
    Range("B1").Select

    Do
        ActiveCell.Value = "DEF"            ―①
        ActiveCell.Offset(1).Select          ―②
    Loop While ActiveCell.Value = ""        ―③
End Sub
```

　①のステートメントでアクティブセルに文字列（「DEF」）を入力し、②のステートメントで次行のセルをアクティブセルにし、③のステートメントでループ後に条件判断を行います。

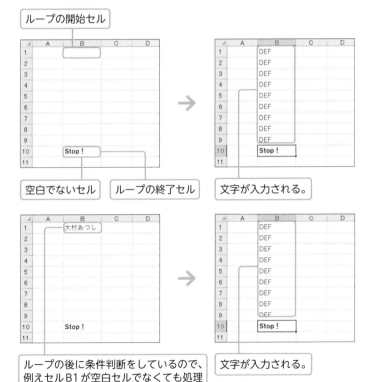

ループの開始セル

空白でないセル　　ループの終了セル　　文字が入力される。

ループの後に条件判断をしているので、
例えセルB1が空白セルでなくても処理
は実行され、セルB2以降で空白でない
セルを検出した時点でループが終了する。

文字が入力される。

6
繰り返し処理（ループ）を理解しよう

163

なお、いずれのDo...Loopステートメントの場合も、途中でループをする必要がなくなったときには、**Exit Do**でDo...Loopステートメントを抜けることができます。

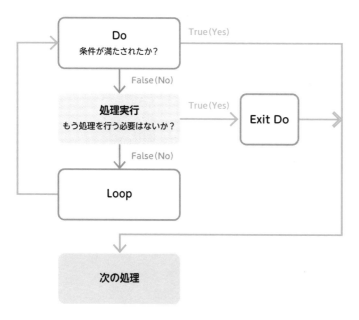

　以上、Do...LoopステートメントのUntilキーワードとWhileキーワードについて解説してきましたが、実は条件を反転させれば、いずれか1つのキーワードだけでマクロが作れます。

　具体的には、

```
Do While ActiveCell.Value = ""
```

の「=」を「<>」と真逆の条件に反転させれば、

```
Do Until ActiveCell.Value <> ""
```

と、WhileキーワードをUntilキーワードに書き換えることもできます。

　UntilキーワードとWhileキーワードのいずれかしか使わないプログラミングにするか、状況に応じて両者を使い分けるかは、ご自身に合った方法を選んでください。

　Do...Loopステートメントの場合には、For...Nextステートメントのようにループの上限が決まっているわけではありません。たとえばDo Until...Loopステートメントの場合には、ループが終了するのは、あくまでも条件が満たされた場合のみです。したがって、もし条件が永遠に満たされることのない状況でDo Until...Loopステートメントを実行してしまうと、永久にループし続ける「無限ループ」が発生してしまいます。

　もし、アクティブセルが空白になるまでループする場合に、Offsetプロパティでアクティブセルを移動する処理を忘れると、アクティブセルは永久に空白にはなりませんので、その処理は無限に継続してしまいます。

　無限ループは、Whileキーワードを使う場合も含め、Do...Loopステートメントすべてで発生する可能性のある現象です。

　無限ループに陥ったら、まずEscキーでマクロの実行を強制中断し、そのあとでエラーの原因に対処してください。

　もしくは、Excelが「応答なし」になってフリーズしてしまったら、Ctrl + Alt + Deleteキーでタスクマネージャーを起動してExcelを強制終了してください。

```
Sub FontBold()
        Range("A1").Select

        Do Until ActiveCell.Value = ""
            ActiveCell.Font.Bold = True
            ActiveCell.Offset(1).Select
        Loop
End Sub
```

この処理を忘れると無限ループになる可能性がある。

練習問題

問題 6-3

次図のように、セルA1からセルJ10まで、右下に向かって1ずつ加算するマクロをDo Until...LoopステートメントとDo While...Loopステートメントを使って2つ作成しなさい。解答は、巻末の278ページを参照のこと。

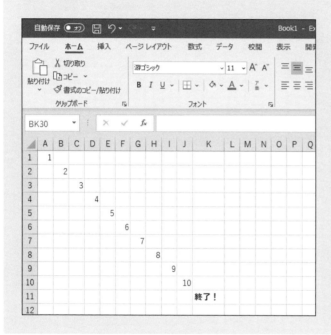

解答は、巻末の278ページを参照のこと。

ヒント

カウンタ変数とOffsetプロパティを上手に組み合わせましょう。

7章

対話型マクロを作ろう

保存していないExcelブックを閉じようとすると、Excelは「保存確認」のメッセージを表示し、みなさんはその問い掛けに対していずれかのボタンを選択しますね。このように、私たちは常にプログラムと対話しているわけですが、VBAでもこうした対話型のマクロを作成することができます。本章では、その方法について学習します。

メッセージボックスで押されたボタンを判断する

これまでにいくどとなく登場したMsgBox関数ですが、ここではより高度なテクニックを解説します。具体的には、MsgBox関数で表示したメッセージボックスにボタンを配置して、ユーザーがどのボタンを選択したのかを判断するテクニックを紹介します。　　◎[7章.xlsm] 参照

ユーザーに処理を選択させる

私たちがExcelを使用していると、次のようなメッセージボックスでボタンを選択しなければならないケースにしばしば直面します。

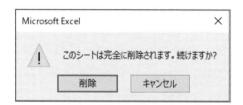

このメッセージボックスで[削除]ボタンを選択するとシートは削除されますが、[キャンセル]ボタンを選択した場合はシートは削除されません。つまり、ユーザーは複数の処理の中から任意の処理を選択できるわけです。

これまでは、MsgBox関数を単にメッセージを表示する手段として用いてきました。しかし、MsgBox関数の利用法はそれだけではありません。図のように、さまざまなボタンを配置して、ユーザーにその後の処理を選択させるメッセージボックスを作成することもできるのです。

MsgBox 関数の構文

MsgBox 関数の構文は、次の引数から構成されます。

関数の構文　　MsgBoxの関数

MsgBox(Prompt, Buttons, Title, Helpfile, Context)

メッセージボックス内に表示するメッセージ。省略不可。

メッセージボックス内に表示するボタンの種類や個数、そしてアイコンのスタイルを指定する。省略可能。

メッセージボックスのタイトルバーに文字列を表示する。省略するとタイトルバーには「Microsoft Excel」と表示される。

この2つの引数を指定するとContextに対応したヘルプを表示できるが、通常はこの2つの引数は省略する。

🔍 参考

　これまでに紹介したMsgBox関数の使用例もそうでしたが、以下の使用例でも、「Prompt:=」のような引数名は省略して、名前付き引数ではなく標準引数で解説を進めます。

MsgBox 関数でメッセージボックスにボタンを配置する

　MsgBox関数によってメッセージボックスに配置できるボタンの種類とその組み合わせは次のとおりです。

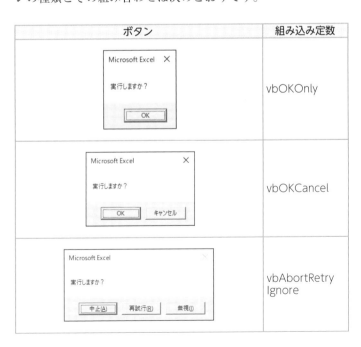

ボタン	組み込み定数
Microsoft Excel　✕ 実行しますか？ OK	vbOKOnly
Microsoft Excel　✕ 実行しますか？ OK　キャンセル	vbOKCancel
Microsoft Excel 実行しますか？ 中止(A)　再試行(R)　無視(I)	vbAbortRetryIgnore

ボタン	組み込み定数
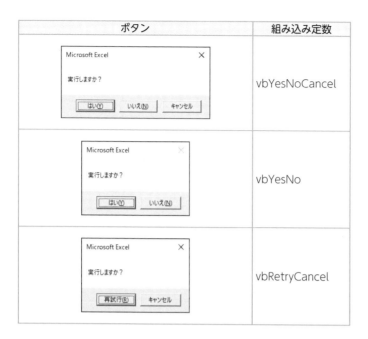	vbYesNoCancel
	vbYesNo
	vbRetryCancel

MsgBox 関数でメッセージボックスにアイコンを表示する

　MsgBox関数は、メッセージ、ボタンのほかに、次のアイコンのいずれかを表示することができます。

内容	アイコン	組み込み定数
警告メッセージアイコン		vbCritical
問い合わせメッセージアイコン		vbQuestion
注意メッセージアイコン		vbExclamation
情報メッセージアイコン		vbInformation

　アイコンを表示するときには、次のように、ボタンの種類にアイコンの種類を加算（+）します。

170

ボタンと注意メッセージアイコンを表示するステートメント

```
MsgBox "入力内容を確認してください", vbOKOnly + vbExclamation
```

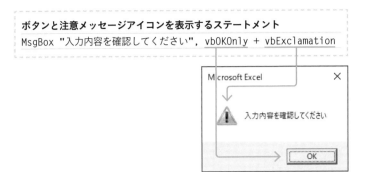

121ページで「文字列を連結するときには＆演算子を使う」と解説しましたが、ここでは「vbOKOnly」と「vbExclamation」を+演算子で加算しています。

これは、175ページで詳細に解説しますが、「vb」や「xl」で始まるキーワードは「組み込み定数」と呼ばれ、文字列で表記していますが、その実体は整数だからです。

練習問題

問題 7-1-1

次図のようなメッセージボックスを表示するステートメントはどれか、①〜⑥の中から正解を選びなさい。解答は、巻末の279ページを参照のこと。

> 💡 **ヒント**
>
> アイコンとボタンの組み込み定数の組み合わせに注意して考えましょう。

①MsgBox "処理を続行しますか？", vbYesNoCancel + vbQuestion

②MsgBox "処理を続行しますか？", vbYesNoCancel + vbInformation

③MsgBox "処理を続行しますか？", vbAbortRetryIgnore + vbQuestion

④MsgBox "処理を続行しますか？", vbAbortRetryIgnore + vbCritical

⑤MsgBox "処理を続行しますか？", vbRetryCancel + vbExclamation

⑥MsgBox "処理を続行しますか？", vbRetryCancel + vbQuestion

7

対話型マクロを作ろう

MsgBox 関数でメッセージボックスにタイトルを表示する

　MsgBox関数の引数Titleに文字列を代入すると、メッセージボックスにタイトルを表示できます。

メッセージボックスにタイトルを表示するステートメント
```
MsgBox " 入力内容を確認してください ",
vbOKOnly + vbExclamation , "入力エラー"
```

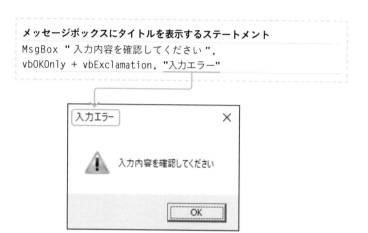

MsgBox 関数の対話型マクロを体験する

　それでは実際に、MsgBox関数でメッセージボックスにボタンを配置し、ユーザーによって選択されたボタンによって処理を分岐する事例を紹介することにしましょう。これは対話型マクロを作成するための必須テクニックです。

　次のマクロは、下図のようにデータ削除の確認メッセージを表示し、[はい] ボタンを選択したらワークシートの全データを削除し、[いいえ]ボタンを選択したら何も処理は実行しません。

	A	B	C	D	E	F
1					顧客名簿	
2	コード	顧客名	フリガナ	〒	住所	TEL
3	A001	相場隆志	アイバ タカシ	422-15	静岡県静岡市岩本XX 静岡本町ビル1F	0545-52-XXXX
4	A002	石田あかね	イシダ アカネ	422-06	静岡県静岡市稲川X-X-XX	054-285-XXXX
5	B001	小山内健人	オサナイケント	424-02	静岡県清水市高新田XXXX-XX	0545-52-XXXX
6	A003	金子沙織	カネコサオリ	420-11	静岡県静岡市瀬名XXX-X	0545-63-XXXX
7	A004	木元義人	キモトヨシト	422-01	静岡県静岡市中田XX-XX	0542-85-XXXX
8	A005	近藤剛	コンドウ ウクヨシ	420-26	静岡県静岡市横割X-XX-XX	
9	A006	新庄良雄	シンジョウヨシオ	431-31	静岡県浜松市有玉南町XXX-	
10	B012	瀬田展子	セタノリコ	424-14	静岡県清水市上力町X-X	
11	B016	徳井英樹	トクイヒデキ	424-23	静岡県清水市大島XXX-X	
12	A019	中村直子	ナカムラナオコ	416-03	静岡県富士市本市場XX　カ	
13	A020	宮本弘江	ミヤモトヒロエ	416-08	静岡県富士市横割X-XX-XX	

事例48 MsgBox関数で顧客データの削除を確認する

◎ [7章.xlsm] Module1

```
Sub ClearAllData()
    Dim myBtn As Long                              ─①
    Dim myMsg As String, myTitle As String

    myMsg = "全データを削除しますか？"             ─②
    myTitle = "データの削除確認"                   ─③

    myBtn = MsgBox(myMsg, vbYesNo + vbExclamation,
           myTitle)                                ─④

    If myBtn = vbYes Then                          ─⑤
        Worksheets("Sheet1").Activate
        Cells.ClearContents
    <見出しの再作成>
    End If
End Sub
```

▶**解説動画**
【7章_01】（事例48）

✔ **チェック**

サンプルファイルには、見出しを再作成するためのステートメントが記述されています。

それでは、事例48の対話型マクロ「ClearAllData」について解説していきましょう。

---

①のステートメント
変数を定義する
Dim myBtn As Long

MsgBox関数は、ユーザーが選択したボタンを数値で返します。「vbYes」や「vbNo」のような文字列を返すと思いがちですが、MsgBox関数で使用する「vbYesNo」のような「vb」で始まるキーワードは**組み込み定数**と呼ばれるもので、その正体は整数です。そこで、その数値を代入するための変数を「(長)整数型(Long)」で定義します。

---

②・③のステートメント
メッセージボックスに表示するメッセージとタイトルを変数に代入する
myMsg = "全データを削除しますか？"
myTitle = "データの削除確認"

メッセージボックスに表示するメッセージとタイトルは、直接MsgBox関数の引数に指定できますが、それではステートメントが長くなってしまうので、ひとまず変数に格納しておくことにします。

7
対話型マクロを作ろう

173

④ のステートメント
メッセージボックスを表示する
myBtn = MsgBox(myMsg, vbYesNo + vbExclamation, myTitle)
　　　　　　　　　メッセージ　ボタン　　　　アイコン　　　タイトル

引数をかっこ「()」で囲む

このMsgBox関数の構文は、次の点が今までと大きく異なっています。

等式の左辺に変数、右辺にMsgBox関数を使用している

MsgBox関数に複数のボタンを配置する目的は、選択されたボタンに応じて処理を分岐するためです。

配置するボタンが［OK］ボタンだけでしたら、処理を分岐する必要もなければ、もちろん選択されたボタンを識別する必要もありません。しかし、複数のボタンを配置したときには、MsgBox関数は選択されたボタンの種類を数値として返すので、その数値を格納するための変数を等式の左辺に記述しなければなりません。

実際に変数「myBtn」に代入される値の種類については、このあとすぐに解説します。

引数をかっこで囲んでいる

この使用例では、選択されたボタンの種類を**戻り値**として左辺の変数が取得します。このような場合には、MsgBox関数の引数はかっこで囲まなければなりません。

❗ 注意

MsgBox関数に限らず、プロパティでもメソッドでも、その戻り値を取得するときには、やはり引数をかっこで囲まなければなりません。

---

column **メッセージを改行する**

長いメッセージの場合には改行することができます。
改行は、組み込み定数の「vbCrLf」で行ってください。

myMsg = "全データを削除しますか?" & **vbCrLf** & _
　　　　"削除されたデータは元には戻りません。"

メッセージが2行に分割されて表示される。

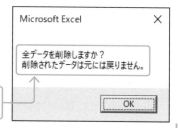

ボタンとアイコンを表示している

　前述のとおり、組み込み定数を使ってボタンと注意メッセージアイコンを配置している点に注目してください。

タイトルを表示している

　第3引数として、メッセージボックスにタイトルを指定しています。

```
⑤のステートメント
処理を分岐する
If myBtn = vbYes Then
        Worksheets("Sheet1").Activate
        Cells.ClearContents
        ＜見出しの再作成＞
End If
```

　ユーザーが選択したボタンに応じて処理を分岐します。④のステートメントの時点で、選択されたボタンの種類に応じてMsgBox関数が返した数値が変数「myBtn」に格納されています。したがって、その変数の値によって選択されたボタンを識別し、処理を分岐することができるのです。

　ここではボタンの戻り値が「vbYes」（［はい］ボタン）の場合にのみデータを削除しています。

組み込み定数とは？

　「組み込み定数」とは、プロパティや引数に代入するためにVBAにあらかじめ用意されているキーワードのことです。

　『2-04　ワークシートを表示／非表示にする』では、WorksheetオブジェクトのVisibleプロパティに組み込み定数xlVeryHiddenを代入して、ワークシートを非表示にする次の例を紹介しました。

72ページ参照

```
Sub シートの非表示()
    Worksheets("Sheet2").Visible = xlSheetVeryHidden
End Sub
```

7
対話型マクロを作ろう

この **xlSheetVeryHidden** は、ユーザーが勝手に作った用語ではなく、あらかじめVBAに用意されている予約キーワードです。

この節で取り上げたMsgBox関数は、この組み込み定数を理解するには最適の素材です。

次の表を見てください。

ボタン	組み込み定数	値
[OK]	vbOK	1
[キャンセル]	vbCancel	2
[中止]	vbAbort	3
[再試行]	vbRetry	4
[無視]	vbIgnore	5
[はい]	vbYes	6
[いいえ]	vbNo	7

参考

組み込み定数の中にはスペルの長いものがたくさんあります。だからこそ、入力候補機能を最大限活用してください。

具体的には、最初の4文字程度入力して Ctrl + Space キーを押せば、大抵の組み込み定数なら一覧からすぐに選択ができます。

MsgBox関数は、ユーザーが選択したボタンを「数値」で返します。もし、ユーザーが [はい] ボタンを選択すれば、MsgBox関数は「6」を返すのです。この「6」をそのまま使って事例48のマクロ「ClearAllData」のIfステートメントの部分を書き換えると次のようになります。

```
If myBtn = 6 Then
        Worksheets("Sheet1").Activate
        Cells.ClearContents
    <見出しの再作成>
End If
```

しかし、「6」という数値から [はい] ボタンをイメージすることはできません。そこで、「6」という数値の代わりに「vbYes」という組み込み定数を使って、ステートメントをわかりやすいものにするのです。

176

次図のメッセージボックスは、MsgBox関数を使って表示したものです。よく見るとわかりますが、［はい］ボタンが浮き出ています。

これは、［はい］ボタンが「標準ボタン」になっていることを意味します。そして、このメッセージボックスでEnterキーを押すと、標準ボタンである［はい］ボタンがクリックされたとみなされます。

通常、このようなデータの削除を確認するメッセージボックスでは、誤ってEnterキーでデータを削除してしまわないように、［いいえ］ボタンを標準ボタンにするのが定石です。

そのためには、MsgBox関数の第2引数に、「vbDefaultButton2」を指定します。以下のマクロを見てください。

［はい］ボタンが浮き出ている。

```
Sub Macro1()
    Dim myBtn As Long

    Dim myMsg As String, myTitle As String

    myMsg = "全データを削除しますか?"

    myTitle = "データの削除確認"

    myBtn = MsgBox(myMsg, vbYesNo + vbExclamation + vbDefaultButton2, myTitle)

    If myBtn = vbNo Then Exit Sub
    <データの削除処理実行>
End Sub
```

このように「vbDefaultButton2」を指定すれば、Enterキーが押されたら、第2ボタンである［いいえ］ボタンがクリックされたことになります。

［いいえ］ボタンが「標準ボタン」になっている。

練習問題

問題 7-1-2

下図のメッセージボックスを表示して、変数myBtnの値によって処理を分岐しようと考えている。

ヒント

MsgBox関数の戻り値を左辺の変数に代入する場合の注意点を確認しましょう。

そこで、次のようなマクロを作成した。

```
Sub Test()
    Dim myBtn As Long
    myBtn = MsgBox "実行しますか？", vbYesNo    ―①
<以下、処理を分岐して実行>
End Sub
```

しかし、①のステートメントはある間違いを犯している。その間違いを指摘しなさい。解答は、巻末の279ページを参照のこと。

メッセージボックスでデータの入力を促す

InputBoxメソッドを使うと、ユーザーにデータの入力を促すメッセージボックスを簡単に表示することができます。ここでも、入力された内容（InputBoxメソッドの戻り値）をもとにIfステートメントで条件分岐を行います。

◎ [7章.xlsm] 参照

InputBox メソッドの対話型マクロを体験する

InputBoxメソッドは、テキストボックスが配置されたメッセージボックスを表示して、ユーザーが任意に入力したデータを取得するものです。

次のマクロは、顧客名簿の印刷部数の入力を促すメッセージボックスを表示します。

事例49 InputBoxメソッドで印刷部数の入力を促す

◎ [7章.xlsm] Module1

```
Sub PrintMember()
    Dim myCopy As Long                                  ─①
    Dim myMsg As String, myTitle As String

    myMsg = "印刷部数を指定してください"
    myTitle = "顧客名簿印刷"
    myCopy = Application.InputBox(Prompt:=myMsg,
                            Title:=myTitle, _
            Default:=1, Type:=1)                        ─②

    If myCopy <> 0 Then                                 ─③
        Worksheets("Sheet2").PrintOut Copies:=myCopy
    Else
        MsgBox "印刷指定はキャンセルされました"
    End If
End Sub
```

▶ 解説動画
【7章_02】（事例49）

それでは、事例49の対話型マクロ「PrintMember」について
解説していきましょう。

---

①のステートメント
変数を定義する
```
Dim myCopy As Long
```

　メッセージボックスに入力されたデータを格納するための変
数を定義します。変数のデータ型は、入力されるデータの型と一
致するものが良いでしょう。このマクロでは印刷部数が入力さ
れるので、変数「myCopy」は（長）整数型（Long）で定義してい
ます。

---

②のステートメント
InputBoxメソッドの構文
```
myCopy = Application.InputBox(Prompt:=myMsg,
                             Title:=myTitle, _
        Default:=1, Type:=1)
```

　InputBoxメソッドの構文には以下の特徴があります。

Applicationオブジェクトに対して使用する

　**InputBoxメソッドは、必ずApplicationオブジェクトに対して
使用します。**Applicationオブジェクトを省略すると、InputBox
メソッドではなくInputBox関数が呼び出されてしまいます。

🔍 参考

188ページ参照

引数

InputBoxメソッドには全部で8つの引数がありますが、以下、ここで使用した引数に限って解説します。

・Prompt

メッセージを指定します。省略はできません。この事例では、「印刷部数を指定してください」を表示しています。

・Title

タイトルを指定します。省略可能です。この事例では、「顧客名簿印刷」を表示しています。

・Default

メッセージボックスを表示したときに、入力用テキストボックスに初期値を表示するときには、この引数にその値を指定します。この引数を省略すると、初期状態のテキストボックスには何も表示されません。この事例では、「1」を表示しています。

・Type

テキストボックスに入力するデータの型を数値で指定します。ここで指定したデータ型と異なる型のデータが入力されたときには、メッセージボックスを閉じるときにエラーが発生します。

たとえば、データ型に「数値（Type:=1）」を指定した事例49のマクロ「PrintMember」では、数値以外のデータを入力すると、［OK］ボタンをクリックしたときにエラーメッセージが表示され、メッセージボックスは開いたままとなります。

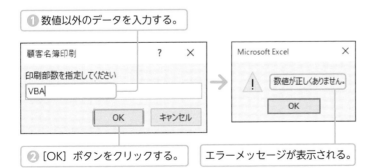

① 数値以外のデータを入力する。

② ［OK］ボタンをクリックする。

エラーメッセージが表示される。

181

データ型に指定できるのは、次に挙げる7種類です。

意味	値 (Type:=)
数式	0
数値	1
文字列 (テキスト)	2
論理値 (True または False)	4
セル参照 (Range オブジェクト)	8
#N/A などのエラー値	16
数値配列	64

✔ チェック

データ型の指定は省略できます。省略すると「文字列 (Type:=2)」を指定したことになります。

引数はかっこで囲む

MsgBox 関数同様に、InputBox メソッドもユーザーが入力したデータを値として返しますので、引数はかっこで囲みます。

左辺の変数に、入力された値を格納する

メッセージボックスで入力されたデータは、左辺の変数に格納されます。

---
③のステートメント
処理を分岐する
```
If myCopy <> 0 Then
    Worksheets("Sheet2").PrintOut Copies:=myCopy
Else
    MsgBox "印刷指定はキャンセルされました"
End If
```

InputBox メソッドは、メッセージボックスで入力された値を返します。しかしそれは、[OK] ボタンを選択してメッセージボックスを閉じた場合のみで、[キャンセル] ボタンでメッセージボックスを閉じた場合には、InputBox メソッドは**False**を返します。

そして、この False は数値の「0」に相当するので、戻り値を代入する変数が数値型のときには、その値が「0」かどうかを判断すれば、選択されたボタンの識別が可能です。

事例49のマクロ「PrintMember」では、[キャンセル] ボタンが選択されたときには印刷を回避しています。

column　TrueとFalseの正体

131ページの変数のデータ型の表をもう一度見てください。そこには**ブール型（Boolean）**というデータ型が載っていますが、このTrueとFalseはこの「ブール型（Boolean）」、もしくは**論理型**と呼ばれるデータ型で、文字通りTrueが「真」でFalseが「偽」を意味します。

ちなみに、Trueの正体は数値の「-1」、Falseの正体は「0」です。事例49のマクロ「PrintMember」では、この特性を利用して条件分岐しています。

また補足になりますが、Excelの場合はFalseの正体は同じく「0」ですが、Trueの正体は「1」でVBAとは異なりますので、念のために覚えておいてください。

練習問題

問題7-2-1

InputBoxメソッドを使って、メッセージボックスで指定したワークシートを非表示にするマクロを作成しなさい。

たとえば、下図のようなケースでメッセージボックスで「3」と指定すると、左から3番目の「Sheet3」が非表示になり、メッセージボックスで文字列を入力した場合は、[OK] ボタンをクリックしたときにエラーメッセージを表示し、ワークシートの枚数より大きな数値が入力された場合は、「0」が入力されたものとして処理をします。

解答は、巻末の280ページを参照のこと。

ヒント

事例49のマクロを参考にして考えましょう。

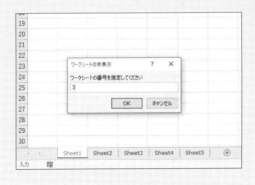

文字列の入力を促すメッセージボックスを表示する

　次のマクロは、顧客コードの入力を促すメッセージボックスを表示します。そして、入力されたコードでオートフィルターを実行します。

事例50 InputBoxメソッドで顧客コードの入力を促す

[7章.xlsm] Module1

```
Sub SearchMember()
    Dim myCode As Variant

    myCode = Application.InputBox
    ("顧客コードを入力してください", "顧客検索")

    If myCode <> False Then
        Worksheets("Sheet2").Activate
        Range("A1").AutoFilter Field:=1,
        Criteria1:=myCode
    End If
End Sub
```

データ型が「文字列」のときには、引数Typeは省略できる。

ここでは引数は2つしかないので、「Prompt:=」などの引数名を省略した標準引数で記述している。逆にこのほうがマクロがわかりやすい。

データ型が文字列のメッセージボックスで［キャンセル］ボタンが選択されたら、Falseを使って条件分岐する。しかし、文字列型（String）変数にFalseが代入されるとエラーが発生するため、変数「myCode」はあらゆるデータ型を格納できるバリアント型（Variant）で宣言されている。

解説動画
【7章_03】（事例50）

point　変数を文字列型で定義する場合

　バリアント変数を使わない場合には、

```
Dim myCode As String
```

　と文字列変数で定義して、条件分岐のステートメントで

```
If myCode <> "False" Then
```

　と、Falseをダブルクォーテーション("")で囲んでください。

問題 7-2-2

図のように、メッセージボックスに氏名を入力すると、その文字列がセル B3 に入力されるマクロを作成しなさい。なお、[キャンセル] ボタンがクリックされたら、氏名の入力を促すメッセージボックスを表示する。解答は、巻末の 280 ページを参照のこと。

ヒント

事例 50 のマクロを参考にして考えましょう。[キャンセル] ボタンが選択された場合の処理に注意して考えましょう。

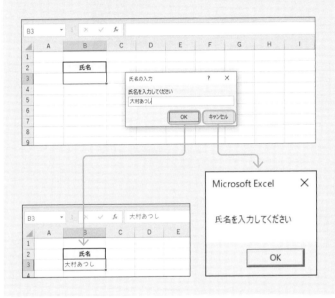

7

対話型マクロを作ろう

InputBoxメソッドの引数Typeに「8」を指定すると、メッセージボックスが表示されている最中に選択されたセル範囲をRange オブジェクトとして取得することができます。

● 解説動画
【7章_04】（事例51）

事例51 マウスで指定されたセル範囲の印刷プレビューを表示する
◎ [7章.xlsm] Module1

```
Sub PrintRange()
    Dim myCell As Range                              ─①
    Dim myMsg As String, myTitle As String

    Worksheets("Sheet3").Activate
    myMsg = "印刷プレビュー範囲をマウスでドラッグしてください"
    myTitle = "印刷プレビュー範囲の指定"

    On Error Resume Next                             ─②
    Set myCell = Application.InputBox(Prompt:=myMsg,
                                      Title:=myTitle, _
                 Type:=8)                            ─③
    If myCell Is Nothing Then Exit Sub               ─④

    With ActiveSheet
        .PageSetup.PrintArea = myCell.Address
        .PrintPreview
    End With
End Sub
```

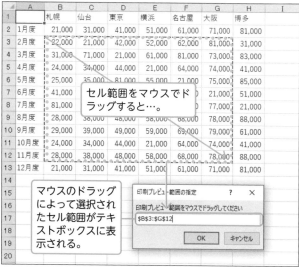

セル範囲をマウスでドラッグすると…。

マウスのドラッグによって選択されたセル範囲がテキストボックスに表示される。

それでは、このマクロの特徴を説明します。

---

①のステートメント
変数を定義する
```
Dim myCell As Range
```

　今回のケースでは、InputBox メソッドの戻り値は Range オブジェクトです。したがって、その戻り値を格納する変数はオブジェクト型で定義します。

---

②のステートメント
エラーを無視する
```
On Error Resume Next
```

　今回のケースでも、［キャンセル］ボタンが選択されたらInputBox メソッドは False を返します。すると、③のステートメントでオブジェクト変数にブール型（Boolean）の値を代入することになるので、実行時エラーが発生してしまいます。

　②は、この実行時エラーを発生させずにマクロの実行を継続させるためのステートメントです。

---

③のステートメント
InputBox メソッドの戻り値をオブジェクト変数に代入する
```
Set myCell = Application.InputBox(Prompt:=myMsg,
                                  Title:=myTitle, _
          Type:=8)
```

　今回の InputBox メソッドの戻り値は Range オブジェクトです。したがって、**Set ステートメント**を使ってその値をオブジェクト変数に代入します。

④のステートメント
処理を分岐する
If myCell Is Nothing Then Exit Sub

! 注意

オブジェクト変数の値を調べる比較演算子は「Is」です。「＝」ではありません。

✔ チェック

「Exit Sub」は、マクロを抜けるステートメントです。

セル範囲を選択せずに［OK］ボタンをクリックするか、もしくは［キャンセル］ボタンがクリックされたら、オブジェクト変数の値は「Nothing」のままです。この場合には、印刷プレビューに進まずにマクロを終了します。

InputBox 関数の使用例

VBAには、InputBox メソッドに非常によく似た **InputBox 関数**が用意されています。それでは、InputBox 関数を使ったマクロを紹介しましょう。

事例52 InputBox関数のサンプル　　　　　　　　◎ [7章.xlsm] Module1

```
Sub VBInputBox()
    Dim myNo As Long
    Dim myMsg As String, myTitle As String

    myMsg = "削除する伝票No.を指定してください"
    myTitle = "売上データ削除"
    myNo = Val(InputBox(Prompt:=myMsg, Title:=myTitle))

    If myNo <> 0 Then
        MsgBox myNo & " を削除No.に指定しました"
    Else
        MsgBox "処理を中断します"
    End If
End Sub
```

▶ 解説動画
【7章_05】（事例52）

InputBox関数は、このように **Application オブジェクト**を指定しないと呼び出される。
また、入力されるデータ型を制限することはできないので、引数のTypeはないが、それを除けば構文はInputBoxメソッドとほとんど同じ。

InputBox関数は、［キャンセル］ボタンが選択されたときにはFalseではなく空の文字列を返す。また、今回のケースのように数値の入力を促しても、実際には文字列の入力もできてしまう。
そこで、数値ではない値が返ってきたら「0」と判断するように、InputBox関数全体を **Val 関数**で囲む。これは非常に重要なテクニックで、Val関数は引数に数値を指定した場合にはその数値をそのまま返し、文字列を指定した場合には「0」を返す。

InputBox 関数と InputBox メソッドの相違点

　InputBox関数でメッセージボックスを表示している間は、セルを選択することはできません。すなわち、事例51のようなマクロはInputBox関数では作れないのです。逆に言えば、メッセージボックスの表示中にセルを選択させたくなければInputBox関数を使ってください。

　一方、InputBoxメソッドの場合には、メッセージボックスの表示中にも自由にセルを選択することができます。

🔍 参考

186ページ参照

> InputBoxメソッドでメッセージボックスを表示したときには、自由にセルを選択できる。

> このケースでは、「6」と入力する代わりに「6」と入力されたセルをクリックしてもよい。

　このように、一般的にはInputBoxメソッドの方が使い勝手は優れています。しかし、テキストボックス内で方向キーを押すと、それもセルを選択する操作とみなされてしまうので、逆に文字列の入力が不便に感じるときもあります。そのようなときにはInputBox関数を使えばよいでしょう。

🔍 参考

　メッセージボックス表示中にセルを操作できる場合とできない場合の違いを実感してもらうために、[7章.xlsm] に付録としてマクロ「ExcelVBAInputBox」を用意しましたので、InputBox関数とInputBoxメソッドの機能の差を実際に比較してみてください。

7

対話型マクロを作ろう

問題 7-2-3

InputBox メソッドと InputBox 関数に関する説明で正しいものは○、間違えているものは×で答えなさい。解答は、巻末の281ページを参照のこと。

①Application オブジェクトに対して「InputBox」を使ったときには InputBox メソッドが呼び出される。

②InputBox 関数の引数「Type」に「1」を指定したら、そのメッセージボックスでは数値しか入力できなくなる。

③InputBox メソッドの場合は、メッセージボックスの表示中にセルを選択することができる。

④InputBox 関数で表示されたメッセージボックスで［キャンセル］ボタンをクリックすると、戻り値として「False」が返される。

 ヒント

①は事例49、②は事例52、③は事例51、④は事例52を参考に考えましょう。

文字列を操作する関数

これまでは、「VBAはプロパティやメソッドを使ってExcel
のオブジェクトを操作するプログラミング言語」として解
説してきましたが、マクロの中にはVBA関数を使わないと
作れないものもあります。もっとも、Sin、Cosのような数
学的に高度な難解な関数ではありませんので、そうした不
安は消し去って読み進めてください。

VBA 関数とは?

VBAには関数があります。関数がなければ、複雑な計算や日付／時刻処理などができないため、プログラミング言語としては使い物にならないからです。本書でもすでにいくつか紹介しましたが、ここからは本格的にVBA関数について学習することにしましょう。

ワークシート関数と VBA 関数

　Excelを活用しているみなさんにとっては、関数はきっと身近な存在でしょう。合計を求めるSUM関数や、平均を求めるAVERAGE関数などは日常的に使用している読者も多いはずです。このSUM関数やAVERAGE関数のように、Excelに搭載されている関数を**ワークシート関数**と呼びます。

　一方、VBAというプログラミング言語も独自の関数を搭載しています。関数がなければ、複雑な計算や日付／時刻処理などができないため、プログラミング言語としては使い物にならないからです。このVBAに独自に搭載されている関数を**VBA関数**と呼びます。そして、今後解説するのは、ワークシート関数ではなく「VBA関数」です。

　本書でもすでに、随所でMsgBox関数を、そして188ページでInputBox関数とVal関数について解説しましたが、これから存分にVBA関数を解説していきます。

メソッドと VBA 関数の違い

　52ページで、「VBAではメソッドでオブジェクトを操作する」と説明し、以下の基本構文を紹介しました。

メソッドでオブジェクトを操作する基本構文
オブジェクト.メソッド

ただ、VBA関数は色々な「操作」ができるので、VBA関数を学習し始めると、一度マスターしたはずのメソッドとVBA関数を混乱してしまうケースがあります。ここできちんと両者を区別しておきましょう。

　たとえばですが、人間は笑うことができます。VBA風に言うとこうですね。

```
People.Laugh
```

　しかし、犬や猫は笑うことはできません。すなわち、「笑う」という「Laughメソッド」は、「人間」という「Peopleオブジェクト」が持っている機能なのです。

　一方、VBA関数は独立した機能で、オブジェクトが持っている機能ではありません。ですから、**VBA関数の前にオブジェクトを指定することはあり得ません。**

間違えたVBA関数のステートメント
オブジェクト.VBA関数

　ですから、180ページで述べたように、同じ「InputBox」でも、①の場合は「Applicationオブジェクトが持っている機能であるInputBoxメソッド」が実行されます。

```
Application.InputBox(Prompt:=myMsg, Title:=myTitle)―①
```

　しかし、InputBox関数はどのオブジェクトにも属していませんので、InputBox関数は②のように単体で使用します。

```
InputBox(Prompt:=myMsg, Title:=myTitle)        ―②
```

　オブジェクトに属しているか。オブジェクトとは無関係に独立しているか。これがメソッドとVBA関数の決定的な違いです。

VBA 関数の構文の見方

　今後、VBA関数を紹介していくにあたり、VBA関数の構文が
たびたび登場します。本文と併せて読めば決して難しいもので
はないのですが、念のために、この構文の見方を解説しておくこ
とにしましょう。

　たとえば、198ページで学習するInStrRev関数の構文は以下
のとおりです（ここではInStrRev関数の機能は考えなくて結構
です）。

InStrRev(文字列, 検索文字列[, 開始位置[, 比較モード]])

　では、この構文を細かく解説します。

① 「InStrRev」が関数名。
② 引数（ここでは、「文字列」「検索文字列」「開始位置」「比較
　モード」）はかっこ「()」で囲む。
③ 引数と引数はカンマ (,) で区切る。
④ 省略できない引数（ここでは、「文字列」と「検索文字列」）
　は [] では囲まない。
⑤ 省略できる引数は [] で囲む（ここでは、「開始位置」と「比
　較モード」）。
⑥ 引数の中でさらに引数を指定するときには（入れ子にする
　ときには）、[] の中にさらに [] を入れる（ここでは、[開始
　位置] の中でさらに [比較モード] を指定している）。

　もちろん、本書では本文内で関数の構文を丁寧に解説してい
ますので、本文で理解すればそれでいいのですが、この構文の記
述法は、ヘルプをはじめ、他の解説書などでもよく見かける一般
的なものです。

　ですから、みなさんがヘルプや他の解説書を読むときの理解
の手助けとなるように、本書でもこの一般的な構文の記述法を
掲載しています。

文字列を取得／検索する

Excelでデータベースソフトやテキストファイルからデータをインポートすると、そのデータの中から必要な文字列だけを取り出したり、また、文字列を検索する作業が発生することもしばしばです。ここではそうした作業に重宝する文字列操作関数を紹介します。◉[8章.xlsm]参照

文字列を取得する（Left関数・Right関数・Mid関数・Len関数）

Left関数は、第1引数に指定した文字列から、第2引数で指定した数だけ左側から文字列を返します。

関数の構文 Left関数

Left(文字列, 数値)

「文字列」には、抽出する文字列を指定します。
「数値」には、返す文字数を指定します。

Right関数は、第1引数に指定した文字列から、第2引数で指定した数だけ右側から文字列を返します。

関数の構文 Right関数

Right(文字列, 数値)

「文字列」には、抽出する文字列を指定します。
「数値」には、返す文字数を指定します。

Mid関数は、第1引数に指定した文字列から、第3引数で指定した数だけ、第2引数で指定した位置から文字列を返します。

関数の構文 Mid関数

Mid(文字列, 開始位置, [数値])

「文字列」には、抽出する文字列を指定します。
「開始位置」には、何文字目から抽出するかを指定します。
「数値」には、開始位置から返す文字数を指定します。

Len関数は、引数に指定した文字列の数を返す関数です。

関数の構文　Len関数

Len(文字列)

「文字列」には、抽出する文字列を指定します。

いずれも難しい関数ではありませんので、次の事例53のマクロを見て理解してください。

解説動画
【8章_01】(事例53)

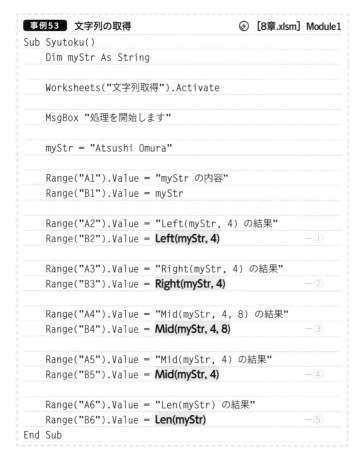

```
事例53  文字列の取得           ⓒ [8章.xlsm] Module1
Sub Syutoku()
    Dim myStr As String

    Worksheets("文字列取得").Activate

    MsgBox "処理を開始します"

    myStr = "Atsushi Omura"

    Range("A1").Value = "myStr の内容"
    Range("B1").Value = myStr

    Range("A2").Value = "Left(myStr, 4) の結果"
    Range("B2").Value = Left(myStr, 4)          —①

    Range("A3").Value = "Right(myStr, 4) の結果"
    Range("B3").Value = Right(myStr, 4)         —②

    Range("A4").Value = "Mid(myStr, 4, 8) の結果"
    Range("B4").Value = Mid(myStr, 4, 8)        —③

    Range("A5").Value = "Mid(myStr, 4) の結果"
    Range("B5").Value = Mid(myStr, 4)           —④

    Range("A6").Value = "Len(myStr) の結果"
    Range("B6").Value = Len(myStr)              —⑤
End Sub
```

①のステートメントでは、「Atsushi Omura」の左から4文字分の「Atsu」を返します。②のステートメントでは、「Atsushi Omura」の右から4文字分の「mura」を返します。③のステートメントでは、「Atsushi Omura」の4文字目から8文字分の「ushi Omu」を返します。④のステートメントでは、「Atsushi Omura」

196

の4文字目以降のすべての文字列「ushi Omura」を返します。⑤のステートメントでは、「Atsushi Omura」のすべての文字数「13」を返します。

下の図は、事例53の実行結果です。

	A	B	C	D
1	myStr の内容	Atsushi Omura		
2	Left(myStr, 4) の結果	Atsu		
3	Right(myStr, 4) の結果	mura	事例53の結果
4	Mid(myStr, 4, 8) の結果	ushi Omu	が表示される。
5	Mid(myStr, 4) の結果	ushi Omura		
6	Len(myStr) の結果	13		
7				

練習問題

問題 8-2

変数「myStr」には、「Excel2019 VBA の基礎知識」という文字列が格納されている。そして、以下のステートメントを実行すると、次の図のように3文字目から18文字目の「cel2019 VBA の基礎知識」の文字列が取得できる。

```
n = Len(myStr) - 3
MsgBox Mid(myStr, 3, n + 1)
```

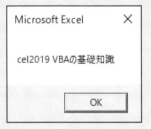

では、これと同じ処理を、Len関数を使わずにMid関数だけで実行しなさい。解答は、巻末の281ページを参照のこと。

 ヒント

Mid 関数の第3引数がどのようなものだったかを確認しましょう。

文字列を検索する（InStr 関数・InStrRev 関数）

　InStr 関数は、文字列の中から指定された文字列を検索し、最初に見つかった文字列が先頭から何文字目かを数値で返します。また、指定された文字列が見つからないときには「0」を返します。

関数の構文　InStr 関数

InStr([開始位置,] 文字列, 検索文字列[, 比較モード])

「開始位置」には、検索の開始位置を指定し、**省略すると先頭の文字から検索**されます。
「文字列」には、検索対象となる文字列を指定します。
「検索文字列」には、検索する文字列を指定します。
「比較モード」は高度な検索のときに必要となる引数ですので、本書では省略します。

　一方の**InStrRev 関数**は、InStr 関数が先頭から検索するのに対し、文字列を後方から検索して、検索された文字列の先頭位置を返します。また、指定された文字列が見つからないときには「0」を返します。
　InStrRev 関数の構文は、InStr 関数とは若干異なっているので注意してください。

関数の構文　InStrRev 関数

InStrRev(文字列, 検索文字列[, 開始位置[, 比較モード]])

「文字列」には、検索対象となる文字列を指定します。
「検索文字列」には、検索する文字列を指定します。
「開始位置」には、検索の開始位置を指定し、省略すると最後の文字から検索されます。
「比較モード」は高度な検索のときに必要となる引数ですので、本書では省略します。

　では、実例を見てみましょう。

```
事例54  文字列を検索する                    [8章.xlsm] Module1
Sub Separate()
    Dim myStr As String
    Dim n As Long

    myStr = "atsushi@net_phoenix.co.jp"
    n = InStr(myStr, "@")          ―①

    MsgBox "元データ：" & myStr & vbCrLf & _
②          "「@」の位置：" & n & vbCrLf & _
           "ユーザー名：" & Left(myStr, n - 1)


    myStr = "C:\Users\omura\Documents\Dummy.xlsx"
    n = InStrRev(myStr, "\")        ―③

    MsgBox "元データ：" & myStr & vbCrLf & _
④          "「\」の位置：" & n & vbCrLf & _
           "ファイル名：" & Right(myStr, Len(myStr) - n)

End Sub
```

①のステートメントで、文字列の先頭から「@」の位置を取得し、「n」には「8」が代入されます。

下の図は、②のステートメントで得られる実行結果です。

事例54の②のステートメントの結果が表示される。

---

column InStr関数とInStrRev関数の使い分け

　この事例は、最初にInStr関数を利用してメールアドレスからユーザー名を取得しています。メールアドレスは、「ユーザー名@所属名」という構成になっていますので、文字列の先頭から"@"を検索すれば、その位置より前の文字列がユーザー名ということになります。

　一方、後半ではInStrRev関数で「絶対パス＋ファイル名」からファイル名だけを取得しています。この場合、ドライブ、フォルダー、ファイルを区切るセパレータ(\)がいくつあるのかわかりませんが、1番最後の"\"より後ろの文字列がファイル名ですので、文字列を後方から検索するInStrRev関数の方が適しているのです。

③のステートメントで、文字列の最後から「¥」の位置を取得し、「n」には「25」が代入されます。

下の図は、④のステートメントで得られる実行結果です。

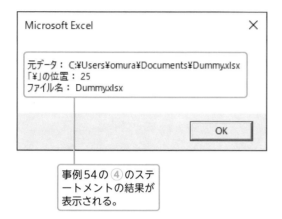

Microsoft Excel	×

元データ： C:¥Users¥omura¥Documents¥Dummy.xlsx
「¥」の位置： 25
ファイル名： Dummy.xlsx

OK

事例54の④のステートメントの結果が表示される。

8-03

文字列を変換する

文字列の変換も、VBA プログラミングにおける重要なテーマです。アルファベットの大文字を小文字に変換したり、余計なスペースを取り除いたりなど、取り込んだデータを整形する際にも文字列関数は非常に重宝します。

[8章.xlsm] 参照

アルファベットの大文字と小文字を変換する（LCase 関数・UCase 関数）

LCase 関数は、アルファベットの大文字を小文字に変換し、**UCase 関数**は、アルファベットの小文字を大文字に変換します。

関数の構文 LCase 関数／UCase 関数

LCase(文字列)

UCase (文字列)

「文字列」には、文字列を指定します。

では、実例を見てみましょう。

事例55 アルファベットの大文字／小文字を変換する

[8章.xlsm] Module1

```
Sub LowerUpper()
    Dim myStr As String

    myStr = "EXCEL"

    MsgBox myStr & "  をすべて小文字に変換します"
    MsgBox LCase(myStr)

    myStr = "excel"

    MsgBox myStr & "  をすべて大文字に変換します"
    MsgBox UCase(myStr)
End Sub
```

▶ 解説動画
【8章_03】（事例55）

右側縦書き：8　文字列を操作する関数

201

このマクロを実行すると、「EXCEL」は「excel」に、逆に、「excel」は「EXCEL」に変換され、次図のようにメッセージボックスが4回表示されます。

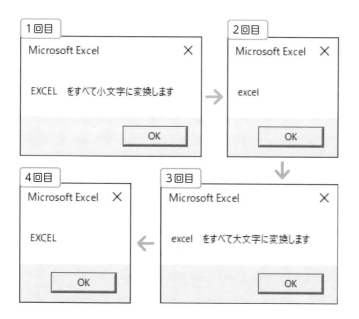

■ 練習問題

問題 8-3-1

LCase 関数や UCase 関数は、文字列型変数だけでなく、セルに対しても使用することができる。ちなみに、以下のステートメントは、セル A1 の文字列を小文字にするものである。

```
Range("A1").Value = LCase(Range("A1").Value)
```

では、同様に、セル範囲 A1:A10 の文字列を小文字に変換するために以下のようなステートメントを実行した。

```
Range("A1:A10").Value = LCase(Range("A1:A10").Value)
```

このステートメントで、セル範囲 A1:A10 の文字列がすべて小文字になるかどうかを答えなさい。解答は、巻末の 281 ページを参照のこと。

 ヒント

LCase 関数がセル範囲に使用できるかどうかについて確認しましょう。

StrConv関数は、大文字を小文字にしたり、半角文字を全角文字にしたりなど、指定された方法で文字列を変換します。

関数の構文　StrConv 関数

StrConv(文字列, 変換方法 [, LCID])

「文字列」には、変換する文字列を指定します。

「変換方法」には、変換する種類の定数を指定します（下の表を参照）。定数は、「vbUpperCase + vbWide」（「大文字」の「全角」）のように組み合わせることができますが、「vbKatakana + vbHiragana」（「カタカナ」で「ひらがな」）のような矛盾した組み合わせで指定することはできません。

「LCID」に関しては、まったく意識する必要はありませんので省略してください。

この構文で、使用する変換方法定数は、次の表のとおりです。

定数	値	内容
vbUpperCase	1	文字列を大文字に変換する。
vbLowerCase	2	文字列を小文字に変換する。
vbProperCase	3	文字列の各単語の先頭の文字を大文字に変換する。
vbWide	4	文字列内の半角文字を全角文字に変換する。
vbNarrow	8	文字列内の全角文字を半角文字に変換する。
vbKatakana	16	文字列内のひらがなをカタカナに変換する。
vbHiragana	32	文字列内のカタカナをひらがなに変換する。

では、実例を見てみましょう。

●解説動画
【8章_04】(事例56)

事例56 文字列を指定した方法で変換する ◎ [8章.xlsm] Module1

```
Sub Conversion()
    Dim myStr As String

    Worksheets("文字列変換").Activate

    MsgBox "処理を開始します"

    myStr = "vba"
    Range("A1").Value = myStr & "→大文字に変換"
    Range("B1").Value = StrConv(myStr, vbUpperCase)

    myStr = "VBA"
    Range("A2").Value = myStr & "→小文字に変換"
    Range("B2").Value = StrConv(myStr, vbLowerCase)

    myStr = "microsoft excel"
    Range("A3").Value = myStr & "→先頭文字変換"
    Range("B3").Value = StrConv(myStr, vbProperCase)

    myStr = "ｱｲｳ"
    Range("A4").Value = myStr & "→全角に変換"
    Range("B4").Value = StrConv(myStr, vbWide)

    myStr = "アイウ"
    Range("A5").Value = myStr & "→半角に変換"
    Range("B5").Value = StrConv(myStr, vbNarrow)

    myStr = "ひらがな"
    Range("A6").Value = myStr & "→カタカナに変換"
    Range("B6").Value = StrConv(myStr, vbKatakana)

    myStr = "カタカナ"
    Range("A7").Value = myStr & "→ひらがなに変換"
    Range("B7").Value = StrConv(myStr, vbHiragana)

End Sub
```

> "vba"→"VBA"

> "VBA"→"vba"

> " microsoft excel "→"Microsoft Excel"

> "ｱｲｳ"→"アイウ"

> "アイウ"→"ｱｲｳ"

> "ひらがな"→"ヒラガナ"

> "カタカナ"→"かたかな"

次の図は、事例56の実行結果です。

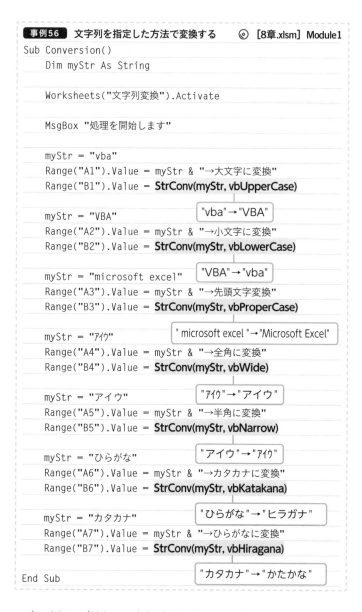

	A	B	C	D	E
1	vba→大文字に変換	VBA			
2	VBA→小文字に変換	vba			
3	microsoft excel→先頭文字変換	Microsoft Excel			
4	ｱｲｳ→全角に変換	アイウ			
5	アイウ→半角に変換	ｱｲｳ			
6	ひらがな→カタカナに変換	ヒラガナ			
7	カタカナ→ひらがなに変換	かたかな			

事例56の結果が表示される。

文字列からスペースを削除する（LTrim関数・RTrim関数・Trim関数）

　LTrim関数は、文字列の先頭のスペースを削除します。**RTrim関数**は、文字列の末尾のスペースを削除します。そして、**Trim関数**は、文字列の先頭と末尾の両方のスペースを削除します。

　いずれの関数でも、スペースは半角／全角にかかわらず削除されます。

> **関数の構文**　LTrim関数／RTrim関数／Trim関数
>
> ## LTrim(文字列)
>
> ## RTrim(文字列)
>
> ## Trim(文字列)
>
> 「文字列」には、文字列を指定します。

　では、実例を見てみましょう。

事例57　文字列からスペースを削除する　　◎[8章.xlsm] Module1

```
Sub DeleteSpace()
    Dim myStr As String

    myStr = "　大村あつし　"

    MsgBox "「" & myStr & "」" & "の左全角スペースを取ります。
" & vbCrLf & _
            "「" & LTrim(myStr) & "」"          ─①

    MsgBox "「" & myStr & "」" & "の右半角スペースを取ります。
" & vbCrLf & _
            "「" & RTrim(myStr) & "」"          ─②

    MsgBox "「" & myStr & "」" & "の両端のスペースを取ります。
" & vbCrLf & _
            "「" & Trim(myStr) & "」"           ─③

End Sub
```

● 解説動画
【8章_05】（事例57）

8

文字列を操作する関数

205

このマクロを実行すると、まず、①のステートメントで、「　大村あつし 」の先頭の全角スペースが削除されます。

先頭の全角スペースが削除される。

次に、②のステートメントで、「　大村あつし 」の末尾の半角スペースが削除されます。

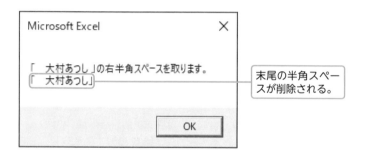

末尾の半角スペースが削除される。

そして最後に、③のステートメントで、「　大村あつし 」の先頭と末尾のスペースが削除されます。

先頭と末尾のスペースが削除される。

LTrim関数、RTrim関数、Trim関数を使えば、文字列の端にあるスペースは削除できますが、文字列内のスペースは削除できません。文字列内のスペースを削除するには、次のReplace関数を使います。

指定した文字列を検索し別の文字列に置換する（Replace 関数）

Replace関数は、文字列から指定された文字列を検索して、1対1対応で別の文字列に置き換えた値を返します。「ＡＢＡＢ」の「Ｂ」を「Ｃ」に置き換えて「ＡＣＡＣ」にするような用途のほかにも、「Ａ　Ｂ　Ｃ」のスペースを長さ0の文字列（""）に置き換えて、「ＡＢＣ」と文字列内のスペースを削除することもできます。

関数の構文　Replace 関数

Replace(文字列, 検索文字列, 置換文字列
[, 開始位置 [, 置換数 [, 比較モード]]])

「文字列」には、置換元の文字列を指定します。
「検索文字列」には、検索する文字列を指定します。
「置換文字列」には、置き換える文字列を指定します。
「開始位置」には、検索を開始する位置を指定します。省略した場合は、先頭から検索されます。
「置換数」には、置き換える文字列の数を指定します。省略した場合は、すべて置き換えられます。
「比較モード」は、高度な検索のときに必要となる引数ですので、本書では省略します。

事例58 文字列を置き換える　　　　　⦿［8章.xlsm］Module1

```
Sub FindChange()
    Dim myStr As String

    myStr = "ＡＢＡＢ"

    MsgBox "「" & myStr & "」のBをCに置き換えします。" &
    vbCrLf & _
            "変換後＝「" & Replace(myStr, "B", "C") & "」" ─①

    myStr = "Ａ　Ｂ　Ｃ　Ｄ"
```

"B" を "C" に置き換える。

```
    MsgBox "「" & myStr & "」のスペースを先頭から2個削除します
    。" & vbCrLf & _
            "変換後＝「" & Replace(myStr, " ", "", , 2) & "」" ─②

End Sub
```

文字列内のスペース2個を長さ0の文字列（""）に置き換える。

● 解説動画
【8章_06】（事例58）

8
文字列を操作する関数

207

下の図は、①のステートメントで得られる実行結果です。

「B」が「C」に置き換わる。

下の図は、②のステートメントで得られる実行結果です。

先頭から2個のスペースが削除される。

point スペースを削除する

事例58では、後半に注目してください。先頭から2個分のスペースを長さ0の文字列（""）に置き換えることによって、結果的に2個のスペースを削除しています。また、第5引数の「2」を省略すれば、すべてのスペースが削除されます。

練習問題

問題 8-3-2

Replace関数を使ってセル範囲をループすれば、ワークシート上のセルの文字列のスペースを削除することができるが、「あるメソッド」を使えば、一括でワークシート上のセルの文字列のスペースを削除することが可能となる。それはどんなメソッドか。また、そのメソッドを使って、一括でワークシート上のセルの文字列のスペースを削除するステートメントを答えなさい。解答は、巻末の282ページを参照のこと。

💡 ヒント

Excelの機能である［置換］コマンドをマクロ記録してみましょう。

9章

日付や時刻を操作する関数

日付から「年」「月」「日」を取り出す。また、ある日付の○日前の日付を取得する。いずれも非常に簡単な処理のように思いますが、実はVBAではメソッドではこうした処理は実現できません。VBA関数の知識が必要となります。本章では、日付や時刻を自在に操る「日付／時刻関数」を取り上げます。

現在のシステム日付や時刻を取得する

ここでは、日次業務やカレンダーなどのように、現在の日付や時間を必要とするマクロには欠かせないVBA関数を紹介します。

[9章.xlsm] 参照

今日の日付を返す（Date 関数）

Date 関数は、現在のシステム日付を取得する関数です。ですから、コンピュータで日付の設定を変更しない限りは、今日の日付を返します。

```
事例59  今日の日付を取得する        [9章.xlsm] Module1
Sub Date_Click()
    Dim myDate As Date

    myDate = Date                            ―①
    MsgBox "今日の日付は " & myDate & " です"
End Sub
```

▶ 解説動画
【9章_01】（事例59）

①のステートメントでは、現在のシステム日付を変数「myDate」に代入しています。下の図は、実行結果です。

今日の日付が表示される。

現在の時刻を返す（Time 関数）

Time 関数は、現在のシステム時刻を取得する関数です。ですから、コンピュータで時刻の設定を変更しない限りは、現在の時刻を返します。

```
事例60  現在の時刻を取得する          ◎ [9章.xlsm] Module1
Sub Time_Click()
    Dim myTime As Date

    myTime = Time                              ─①
    MsgBox "現在の時刻は " & myTime & " です"
End Sub
```

①のステートメントでは、現在のシステム時刻を変数「myTime」に代入しています。下の図は、実行結果です。

現在の時刻が表示される。

現在の日付と時刻を返す（Now 関数）

Now関数は、現在のシステムの日付と時刻を取得する関数です。ですから、コンピュータで日付や時刻の設定を変更しない限りは、現在の日付と時刻を返します。

```
事例61  現在の日付と時刻を取得する      ◎ [9章.xlsm] Module1
Sub Now_Click()
    Dim myDateTime As Date

    myDateTime = Now                           ─①
    MsgBox "現在の日付と時刻は " & myDateTime & " です"
End Sub
```

①のステートメントでは、現在のシステム日付と時刻を変数「myDateTime」に代入しています。下の図は、実行結果です。

今日の日付と現在の時刻が表示される。

日付や時刻から必要な情報を取得する

ここで取り上げるYear関数・Month関数・Day関数は、任意の日付から必要な情報を取得するものです。また、Hour関数・Minute関数・Second関数を使うと、任意の時刻から必要な情報が取得できます。なお、最後に解説するWeekdayName関数は、厳密には文字列操作関数です。　◎ [9章.xlsm] 参照

任意の日付を整数で返す（Year 関数・Month 関数・Day 関数）

Year関数は、任意の日付から「年」を、**Month関数**は「月」を、**Day関数**は「日」を取得する関数です。

Year関数は西暦で年を返し、Month関数は1年の何月かを表す1～12の範囲の整数を返し、Day関数は月の何日かを表す1～31の範囲の整数を返します。

事例62　現在の日付から年・月・日を取得する ◎ [9章.xlsm] Module1

```
Sub YearMonthDay_Click()
    Dim myYear As Long, myMonth As Long, myDay As Long

    myYear = Year(Date)       'Year(Now)でも可
    myMonth = Month(Date)     'Month(Now)でも可
    myDay = Day(Date)         'Day(Now)でも可

    MsgBox "現在の年は " & myYear & " 年です"
    MsgBox "現在の月は " & myMonth & " 月です"
    MsgBox "現在の日は " & myDay & " 日です"
End Sub
```

● 解説動画
【9章_04】（事例62）

下の図は、事例62の実行結果です。

| 1回目 | 2回目 | 3回目 |

Microsoft Excel
現在の年は 2020 年です
OK

Microsoft Excel
現在の月は 11 月です
OK

Microsoft Excel
現在の日は 6 日です
OK

任意の時刻を整数で返す（Hour関数・Minute関数・Second関数）

Hour関数は、任意の時刻から「時」を、Minute関数は「分」を、Second関数は「秒」を取得する関数です。

Hour関数は1日の時刻を表す0〜23の範囲の整数を返し、Minute関数は時刻の分を表す0〜59の範囲の整数を返し、Second関数は時刻の秒を表す0〜59の範囲の整数を返します。

```
事例63   現在の時刻から時・分・秒を取得する ◎  ［9章.xlsm］ Module1
Sub HourMinuteSecond_Click()
    Dim myHour As Long, myMinute As Long, mySecond As
    Long

    myHour = Hour(Time)        'Hour(Now)でも可
    myMinute = Minute(Time)    'Minute(Now)でも可
    mySecond = Second(Time)    'Second(Now)でも可

    MsgBox "現在の時刻は " & myHour & " 時です"
    MsgBox "現在の分は " & myMinute & " 分です"
    MsgBox "現在の秒は " & mySecond & " 秒です"
End Sub
```

▶ 解説動画
【9章_05】（事例63）

下の図は、事例63の実行結果です。

なお、事例62と事例63のサンプルファイルでは、Time関数を使っていますが、Now関数でも同じ結果が返されます。

9

日付や時刻を操作する関数

213

数値から曜日を返す（WeekdayName 関数）

WeekdayName 関数は、数値を指定し、曜日を表す文字列を返します。

関数の構文 WeekdayName 関数

WeekdayName(数値 [, 曜日名の省略 [, 開始曜日]])

「数値」には、曜日を表す 1 ～ 7 の数値を指定します。1 ～ 7 以外の数値を指定するとエラーになります。

「曜日名の省略」には、曜日名を省略するかどうかを True（省略する）/False（省略しない）のブール値で指定します。省略した場合は False になります。

「開始曜日」には、週の始まりの曜日を示す数値を指定します（省略可）。

この構文で、使用する開始曜日の定数は次表のとおりです。

定数	値	内容
vbSunday	1	日曜（既定値）
vbMonday	2	月曜
vbTuesday	3	火曜
vbWednesday	4	水曜
vbThursday	5	木曜
vbFriday	6	金曜
vbSaturday	7	土曜

なお、WeekdayName 関数とよく似た **Weekday 関数**は、任意の日付が何曜日であるかを数値で返します。

関数の構文 Weekday 関数

Weekday(日付 [, 開始曜日])

「日付」には、日付を指定します。

「開始曜日」には、週の始まりの曜日を示す数値を指定します（省略可）。

では、WeekdayName関数とWeekday関数を組み合わせたマクロを見てみましょう。

次のマクロは、今日から5日後が何曜日かを取得し、メッセージボックスに表示するものです。

● 解説動画
【9章_06】(事例64)

事例64　今日から5日後の曜日を取得する　⊚　[9章.xlsm] Module1

```
Sub WeekdayName_Click()
    Dim myStr As String

    myStr = WeekdayName(Weekday(Date + 5))

    MsgBox "今日から5日後は" & myStr & "です"
End Sub
```

下の図は、事例64の実行結果です。

今日から5日後の曜日が表示される。

事例64のマクロ「WeekdayName_Click」は、次の処理で今日から5日後の曜日を取得しています。

①Date 関数で今日の日付を取得する。
②今日の日付に「5」を加算する。
③②の日付を Weekday 関数で曜日に対応する「数値」に変換する。
④③の数値を、WeekdayName 関数で「曜日」に変換する。

練習問題

問題 9-2

今日が何曜日かを求めて、メッセージボックスに表示するマクロを作成しなさい。解答は、巻末の282ページを参照のこと。

💡 ヒント

WeekdayName 関数と Weekday 関数を組み合わせて考えてみましょう。

日付や時刻を操作するその他の関数

ここではDateAdd関数、DateDiff関数、DatePart関数の3つを取り上げます。これまで紹介した日付／時刻関数と比較すると若干コツが必要ですが、どれも日付／時刻処理に大きな威力を発揮する用途の広い関数ですので、しっかりとマスターしてください。

◎ [9章.xlsm] 参照

時間間隔を加算／減算した日付や時刻を返す（DateAdd関数）

DateAdd関数は、基準にする日付や時刻に、指定された時間間隔を加算／減算した日付や時刻を取得する関数です。

関数の構文 DateAdd関数

DateAdd(時間間隔, 加減時間, 基準日時)

「時間間隔」には、加算／減算する時間間隔を下記の表のような設定値で指定します。
「加減時間」には、加減する時間間隔を指定します。将来の日時を取得する場合は正の数を、過去の日時を取得する場合は負の数を指定します。
「基準日時」には、時間間隔を加減する元の日付や時刻を指定します。

この構文で使用する時間間隔に設定する値は、次の表のとおりです。

設定値	内容
yyyy	年
q	四半期
m	月
y	年間通算日
d	日
w	週日
ww	週
h	時
n	分
s	秒

事例65　今日から15週目と2021/4/1の1,000日前を取得する

[9章.xlsm] Module2

```
Sub DateAdd_Click()
    Dim myDate1 As Date, myDate2 As Date

    myDate1 = DateAdd("ww", 15, Date)
    MsgBox "今日から15週間後は " & myDate1 & " です"

    myDate2 = DateAdd("d", -1000, "2021/4/1")
    'myDate2 = DateAdd("d", -1000, #4/1/2021#)

    MsgBox "2021/4/1から1,000日前は " & myDate2 & " です"
End Sub
```

「#」で囲んだVBA特有の「リテラル文字」を使用する場合

▶ 解説動画
【9章_07】（事例65）

下の図は、事例65の実行結果です。

Microsoft Excel ×

今日から15週間後は 2021/02/19 です

OK

→

Microsoft Excel ×

2021/4/1から1,000日前は 2018/07/06 です

OK

---

column　リテラル文字とは？

　VBAでは、「"」で囲んだ日付は、実行時に内部的にVBAが解釈できる「#」で囲んだ「日付リテラル値」に変換されます。この**日付リテラル値**は、記述した瞬間にコンパイルエラーが発生しますので、「#2/29/2021#」と記述するとエラーが発生します（VBAの日付リテラル値は、アメリカ式で「月」「日」「年」の順で記述します）。理由は、「2021年2月29

日」は存在しないからです。
　一方で、「"」で囲んだ「"2021/2/29"」は、マクロを実行したときに日付リテラル値に変換され、そのタイミングで実行時エラーが発生します。
　どちらを使うのが正しいという問題ではありませんので、自分の好みに応じて使い分けるのがいいでしょう。

練習問題

問題 9-3-1

　Month関数とDateAdd関数を使って、今日から3カ月後が何月かを求め、メッセージボックスに表示するマクロを作成しなさい。解答は、巻末の282ページを参照のこと。

💡 ヒント

DateAdd関数で時間間隔に「月」を設定する場合の設定値について確認しましょう。

DateDiff 関数は、2つの指定した日時の時間間隔を取得する関数です。たとえば、2つの日付の間の日数や、現在から年末までの週の数などを求めることができます。

関数の構文 　**DateDiff 関数**

DateDiff(時間間隔, 比較日時1, 比較日時2[, 開始曜日[, 開始週]])

「時間間隔」には、比較日時 1 と比較日時 2 の間隔を計算するための時間単位を表す文字列を指定します。文字列は、DateAdd 関数の第 1 引数の内容と同じく、216 ページの表「時間間隔の設定値と内容」のような設定値で指定します。

「比較日時 1」と「比較日時 2」には、間隔を計算する 2 つの日時を指定します。比較日時 1 を起算日時としますので、比較日時 1 よりも前の日時を比較日時 2 に指定すると負の数を返します。

「開始曜日」には、週の始まりの曜日を表す定数を指定します。WeekdayName 関数と同じく、214 ページの表「開始曜日の定数一覧」のとおり、vbSunday から vbSaturday まで 7 つあり、省略した場合の既定値は vbSunday、すなわち「日曜」です。

「開始週」には、次の表の定数を指定します。省略した場合は、1 月 1 日を含む週が第 1 週とみなされます。

この構文で使用する開始週の定数は、次の表のとおりです。

定数	値	内容
vbUseSystem	0	NLS API の設定値を使う。
vbFirstJan1	1	1 月 1 日を含む週を年度の第 1 週として扱う（既定値）。
vbFirstFourDays	2	7 日のうち少なくとも 4 日が新年度に含まれる週を年度の第 1 週として扱う。
vbFirstFullWeek	3	全体が新年度に含まれる最初の週を年度の第 1 週として扱う。

事例66　今世紀からの経過日数を取得する　　◎ [9章.xlsm] Module2

```
Sub DateDiff_Click()
    Dim myFutureDays As Long

    myFutureDays = DateDiff("d", #1/1/2001#, Date)
    MsgBox "21世紀になって " & myFutureDays & " 日過ぎました"
End Sub
```

● 解説動画
【9章 _08】（事例66）

下の図は、事例66の実行結果です。

21世紀になって 7250 日過ぎました

取得した時間間隔を表示する。

練習問題

問題 9-3-2

今年があと何週間残っているかをDateDiff関数で求め、メッセージボックスに表示するマクロを作りなさい。なお、この練習問題では、2021年を今年と仮定している。解答は、巻末の282ページを参照のこと。

💡 ヒント

今日と今年の最終日との時間間隔を取得する場合の設定値を考えましょう。

日付から指定した部分のみを返す（DatePart 関数）

DatePart 関数は、日付の日付部分のみ、または時刻部分のみなど、日付の指定した部分を取得する関数です。

関数の構文　DatePart 関数

DatePart(時間間隔, 日付 [, 開始曜日 [, 開始週]])

事例67　今日が四半期のどの期間か取得する　ⓒ　[9章.xlsm] Module2

```
Sub DatePart_Click()
    Dim myQuater As Long

    myQuater = DatePart("q", Date)
    MsgBox "今日は第 " & myQuater & " 四半期です"
End Sub
```

▶ 解説動画
【9章_09】（事例67）

🔍 参考

DatePart 関数の引数に指定できる設定値については、DateAdd 関数やDateDiff 関数の一覧表を参照してください。

下の図は、事例67の実行結果です。

練習問題

問題 9-3-3

今年になってから何日が経過したかをDatePart関数で求め、メッセージボックスに表示するマクロを作りなさい。解答は、巻末の283ページを参照のこと。

DatePart関数で年間通算日を取得する際の設定値を確認しましょう。

問題 9-3-4

VBAには「年」「月」「日」から日付を取得するDateSerial関数があります。

```
myDate = DateSerial(Year(Range("A1")),
Month(Range("A1")), Day(Range("A1")))
```

このDateSerial関数は、第3引数の「日」に「0」を指定すると「前月の最終日」として処理されます。

以上を踏まえて、セルA1の日付（年月日）の末日を取得してセルA2に表示するマクロを考えなさい。解答は、巻末の283ページを参照のこと。

当月の末日は翌月を基準とした場合はどのように考えればよいでしょう。

10章

その他の便利な関数

本章では、「VBAでExcelのワークシート関数を使う方法」「書式を設定するFormat関数」「Is」で始まる「値のチェックを行う関数」、そして乱数を生成する方法などを中心に解説します。8章、9章、そして本章で、基本的なVBA関数はほぼすべて網羅していますので、最後まで気を抜かずに取り組んでください。

10-01

VBAでExcelのワークシート関数を使う

この章ではこれまでに紹介したVBA関数以外の便利なVBA関数について解説しますが、その前に少しだけ寄り道をして、ここではVBAで「Excelのワークシート関数」を使う方法をご紹介します。ここで解説するのは「VBA関数」ではないので注意してください。

[10章.xlsm] 参照

VBA で Excel の MAX ワークシート関数を使う

次のマクロは、Excelのワークシート関数であるMAX関数を利用して、セル範囲A1:D10の中の最大値を検索するものです。

```
事例68  VBAでExcelのワークシート関数を使う  [10章.xlsm] Module1
Sub SearchMax()
    Dim myMax As Long

    myMax = Application.WorksheetFunction.Max(Range("A1:D10"))

    MsgBox "最大値は " & myMax & " です"
End Sub
```

VBAでワークシート関数を使うときには、Application オブジェクトの **WorksheetFunctionオブジェクト**に対して利用する。

▶ 解説動画
【10章_01】（事例68）

下の図は、事例68の実行結果です。

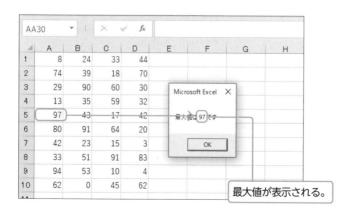

最大値が表示される。

222

問題 10-1

　次の図のように、セル B1 に Excel のワークシート関数の IF 関数を VBA で入力しなさい。解答は、巻末の283ページを参照のこと。

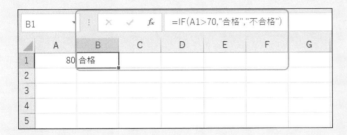

　一見、とても簡単そうですが、IF 関数の中のダブルクォーテーション (") を VBA で認識するためにはちょっとしたコツが必要になります。これは難題ですが、以下のヒントを参考にチャレンジしてみてください。

　まず、以下のステートメントを実行すると、図のように表示されます。

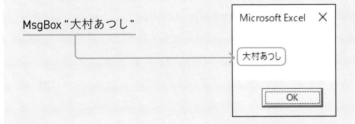

　今さらですが、「大村あつし」の両隣の (") は、「大村あつし」という文字列をかこむための記号です。

　では、(") を記号ではなく文字列として扱いたいときにはどうしたらよいのでしょうか。

この場合には、("")とダブルクォーテーションを2つ書くことで、文字列として認識されます。また、VBAでは文字列は(")でかこまなければなりませんので、結果的に、次のステートメントになります。

もう1つのヒントですが、セルに数式を入力するときには、Valueプロパティではなく Formulaプロパティを使います。

以上のヒントを参考に、正解を考えてください。

書式を設定する

ここでは、任意の値を、指定した書式に変換する機能を持つFormat関数について解説します。
Format関数はとても強力な反面、暗記できないほどの多数の書式を指定できますので、Format関数を使うときには、常に本書を手元に置いてください。

◎ [10章.xlsm] 参照

指定された書式に変換した値を返す（Format関数）

Format関数は、データを指定された書式に変換し、その変換結果を取得する関数です。

関数の構文 Format関数

Format(データ[, 書式[, 開始曜日[, 開始週]]])

「データ」には、変換の対象となる文字列や数値を指定します。
「書式」には、定義済書式、あるいは表示書式指定文字を組み合わせて作成した書式を文字列で指定します（省略可）。「データ」は、この「書式」に合わせて変換されます。
「開始曜日」は、WeekdayName関数のときに説明した214ページの表と同じです。
「開始週」は、DateDiff関数のときに説明した218ページの表と同じです。「開始曜日」と「開始週」は、いずれも省略するケースが大半ですので、あまり意識する必要はないでしょう。

データの形式と書式の指定方法の対応は次表のとおりです。

データの形式	書式の指定方法
数値（通貨型も数値として扱います）	定義済み数値書式、あるいは数値表示書式指定文字を組み合わせた書式を指定する。
日付と時刻	定義済み日付／時刻書式、あるいは日付／時刻表示書式指定文字を組み合わせた書式を指定する。
日付と時刻を表すシリアル値	数値あるいは日付と時刻の書式を用いる。
文字列	文字列表示書式指定文字を組み合わせた書式を指定する。

🔍 **参考**

定義済み書式および書式指定文字は、次ページで解説します

数値及び通貨に用いる書式

▼定義済み数値書式

書式名	内容
General Number	指定された数値をそのまま返す。 **例)** Format(5000,"General Number") → "5000"
Currency	通貨記号や1000単位の区切り記号などを、コントロールパネルの[地域]の[通貨]パネルで設定された書式に変換した値を返す。 **例)** Format(5000,"Currency") → "¥5,000"
Fixed	整数部を最低1桁、小数部を最低2桁表示する書式に変換した値を返す。 **例)** Format(25.675,"Fixed") → "25.68"
Standard	整数部を最低1桁、小数部を最低2桁表示する書式に変換した値を返す（1000単位の区切り記号を付ける）。 **例)** Format(5000,"Standard") → "5,000.00"
Percent	指定された数値を100倍して、小数部を最低2桁表示する書式に変換した値を返す（1000単位の区切り記号を付ける）。 **例)** Format(0.354,"Percent") → "35.40%"
Scientific	標準的な科学表記法の書式に変換した値を返す。 **例)** Format(0.354,"Scientific") → "3.54E-01"
Yes/No	指定された数値が0の場合にはNo、それ以外の場合にはYesを返す。 **例)** Format(0,"Yes/No") → "No"
True/False	指定された数値が0の場合には偽（False）、それ以外の場合には真（True）を返す。 **例)** Format(0,"True/False") → "False"
On/Off	指定された数値が0の場合にはOff、それ以外の場合にはOnを返す。 **例)** Format(0,"On/Off") → "Off"

▼数値表示書式指定文字

表示書式指定文字	内容
0	1つの"0"が数値の1桁を表す（データが小さく、"0"を指定した桁位置に該当する値がない場合には0が入る）。 **例)** Format(411, "0000") → "0411"
#	1つの"#"が数値の1桁を表す（データが小さく、"#"を指定した桁位置に該当する値がない場合には何も入らない）。 **例)** Format(411, "####") → "411"
.	"0"や"#"と組み合わせて、小数点を挿入する位置を指定する。 **例)** Format(196.5, "0.00") → "196.50"
%	指定されたデータ（数値）を100倍し、パーセント記号(%)を付ける。 **例)** Format(0.35, "0%") → "35%"
,	"0"や"#"と組み合わせて、1000単位の区切り記号を挿入する位置を指定する。 **例)** Format (987654321, "#,##0") → "987,654,321"
¥	"¥"記号に続く1文字をそのまま表示する。 **例)** Format(64.5, "0.00¥c¥m") → "64.50cm"

point 指定を超えた桁の扱い

Format関数の書式で"0.00"のように小数点以下の桁数を指定した場合、指定した桁を超えた部分は四捨五入されます。

例）Format(12.345, "0.00") → "12.35"

Format(12.344, "0.00") → "12.34"

ただし、整数部分で指定した桁を超えた場合は、書式で指定した桁数に関係なくすべての桁が返されます。

例）Format(45, "000") → "045"

Format(12345, "000") → "12345"

日付 / 時刻に用いる書式

▼ 定義済み日付 / 時刻書式

書式名	内容
General Date	データとして整数部だけの数値を指定された場合は日付だけを、少数部だけの数値の場合は時刻だけを、整数部と小数部の両方を含む数値の場合は日付と時刻の両方を、コントロールパネルの [地域] の [時刻] および [日付] のパネルで設定された書式で返す。 **例) Format(37200.525,"General Date")** → **"2021/11/05 12:36:00"**
Long Date	コントロールパネルの [地域] の [日付] パネルで [長い形式] に設定した書式で日付を返す。 **例) Format(37200,"Long Date")** → **"2021年11月5日"**
Medium Date	簡略形式で表した日付を返す。 **例) Format(37200,"Medium Date")** → **"01-11-05"**
Short Date	コントロールパネルの [地域] の [日付] パネルで [短い形式] に設定した書式で日付を返す。 **例) Format(37200,"Short Date")** → **"2021/11/05"**
Long Time	時間、分、秒を含む書式で時刻を返す。 **例) Format(0.525,"Long Time")** → **"12:36:00"**
Medium Time	時間と分を12時間制の書式で表した時刻を返す（午前の場合は午前、午後の場合は午後が付く）。 **例) Format(0.525,"Medium Time")** → **"12:36 午後"**
Short Time	時間と分を24時間制の書式で表した時刻を返す。 **例) Format(0.525,"Short Time")** → **"12:36"**

▼ 日付／時刻表示書式指定文字

表示書式指定文字	内容
g	年号をローマ字で表記したときの頭文字を返す (M、T、S、H、R)。 **例) Format(#4/5/2021#, "g") → "R"**
gg	年号を漢字で表記したときの先頭の1文字を返す (明、大、昭、平、令)。 **例) Format(#4/5/2021#, "gg") → "令"**
ggg	年号を漢字で表記して返す (明治、大正、昭和、平成、令和)。 **例) Format(#4/5/2021#, "ggg") → "令和"**
e	年号に基づく和暦の年を返す。 **例) Format(#4/5/2021#, "e") → "3"**
ee	年号に基づく和暦の年を返す (1桁の場合は先頭に0が付く)。 **例) Format(#4/5/2021#, "ee") → "03"**
yy	西暦の年を下2桁の数値で返す (00〜99)。 **例) Format(#4/5/2021#, "yy") → "21"**
yyyy	西暦の年を4桁の数値で返す (100〜9999)。 **例) Format(#4/5/2021#, "yyyy") → "2021"**
m	月を表す数値を返す (1〜12)。 **例) Format(#4/5/2021#, "m") → "4"**
mm	月を表す数値を返す (1桁の場合は先頭に0が付く) (01〜12)。 **例) Format(#4/5/2021#, "mm") → "04"**
mmm	月の名前を英語 (省略形) の文字列に変換して返す (Jan〜Dec)。 **例) Format(#4/5/2021#, "mmm") → "Apr"**
mmmm	月の名前を英語で返す (January〜December)。 **例) Format(#4/5/2021#, "mmmm") → "April"**
oooo	月の名前を日本語で返す (1月〜12月)。 **例) Format(#4/5/2021#, "oooo") → "4月"**
d	日付を返す (1〜31)。 **例) Format(#4/5/2021#, "d") → "5"**
dd	日付を返す (1桁の場合は先頭に0が付く) (01〜31)。 **例) Format(#4/5/2021#, "dd") → "05"**
ddd	曜日を英語 (省略形) で返す (Sun〜Sat)。 **例) Format(#4/5/2021#, "ddd") → "Mon"**
aaa	曜日を日本語 (省略形) で返す (日〜土)。 **例) Format(#4/5/2021#, "aaa") → "月"**
dddd	曜日を英語で返す (Sunday〜Saturday)。 **例) Format(#4/5/2021#, "dddd") → "Monday"**
aaaa	曜日を日本語で返す (日曜日〜土曜日)。 **例) Format(#4/5/2021#, "aaaa") → "月曜日"**

表示書式指定文字	内容
w	曜日を表す数値を返す（日曜日が1、土曜日が7となる）。 **例) Format(#4/5/2021#, "w") → "2"**
y	指定した日付が1年のうちで何日目に当たるかを数値で返す（1〜366）。 **例) Format(#4/5/2021#, "y") → "95"**
q	指定した日付が1年のうちで何番目の四半期に当たるかを表す数値を返す（1〜4）。 **例) Format(#4/5/2021#, "q") → "2"**
ww	指定した日付が1年のうちで何週目に当たるかを表す数値を返す（1〜54）。 **例) Format(#4/5/2021#, "ww") → "15"**
/	日付の区切り記号を挿入する位置を指定する。 **例) Format(#4/5/2021#, "yyyy/mm/dd") → "2021/04/05"**
h	時間を返す（0〜23）。 **例) Format(#2021/4/5 3:7:2#, "h") → "3"**
hh	時間を返す（1桁の場合は先頭に0が付く）（00〜23）。 **例) Format(#4/5/2021 3:07:02 AM#, "hh") → "03"**
n	分を返す（0〜59）。 **例) Format(#4/5/2021 3:07:02 AM#, "n") → "7"**
nn	分を返す（1桁の場合は先頭に0が付く）（00〜59）。 **例) (#4/5/2021 3:07:02 AM#, "nn") → "07"**
s	秒を返す（0〜59）。 **例) Format(#4/5/2021 3:07:02 AM#, "s") → "2"**
ss	秒を返す（1桁の場合は先頭に0が付く）（00〜59）。 **例) Format(#4/5/2021 3:07:02 AM#, "ss") → "02"**
AM/PM	指定した時刻が正午以前の場合はAMを返し、正午〜午後11時59分の間はPMを返す。 **例) Format(#4/5/2021 3:07:02 AM#, "AM/PM") → "AM"**
am/pm	指定した時刻が正午以前の場合はamを返し、正午〜午後11時59分の間はpmを返す。 **例) Format(#4/5/2021 3:07:02 AM#, "am/pm") → "am"**
A/P	指定した時刻が正午以前の場合はAを返し、正午〜午後11時59分の間はPを返す。 **例) Format(#4/5/2021 3:07:02 AM#, "A/P") → "A"**
a/p	指定した時刻が正午以前の場合はaを返し、正午〜午後11時59分の間はpを返す。 **例) Format(#4/5/2021 3:07:02 AM#, "a/p") → "a"**
:	時刻の区切り記号を挿入する位置を指定する。 **例) Format(#4/5/2021 3:07:02 AM#, "hh:nn:ss") → "03:07:02"**

文字列に用いる書式

▼文字列表示書式指定文字

表示書式指定文字	内容
@	1つの"@"が1つの文字またはスペースを表す ("@"を指定した位置に該当する文字がない場合には半角スペースが入る)。 **例)** Format("Excel", "@@@@@@") → " Excel"
&	1つの"&"が1つの文字を表す ("&"を指定した位置に該当する文字がない場合には詰められる)。 **例)** Format("Excel", "&&&&&&") → "Excel"
<	指定されたデータのうち、アルファベットの大文字をすべて小文字に変換する (半角文字も全角文字も両方変換される)。 **例)** Format("Excel", "<&&&&&&") → "excel"
>	指定されたデータのうち、アルファベットの小文字をすべて大文字に変換する (半角文字も全角文字も両方変換される)。 **例)** Format("Excel", ">&&&&&&") → "EXCEL"
!	文字を左から右の順に埋めていくように指定する ("！"を指定しない場合は、右から左の順に埋められる)。 **例)** Format("Excel", "!@@@@@@") → "Excel "

なお、文字列には定義済み書式はありません。

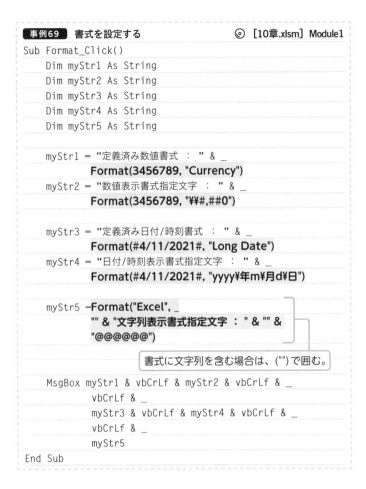

事例69 書式を設定する 　　　　　　　　　　◎ ［10章.xlsm］Module1

```
Sub Format_Click()
    Dim myStr1 As String
    Dim myStr2 As String
    Dim myStr3 As String
    Dim myStr4 As String
    Dim myStr5 As String

    myStr1 = "定義済み数値書式 ： " & _
            Format(3456789, "Currency")
    myStr2 = "数値表示書式指定文字 ： " & _
            Format(3456789, "¥¥#,##0")

    myStr3 = "定義済み日付/時刻書式 ： " & _
            Format(#4/11/2021#, "Long Date")
    myStr4 = "日付/時刻表示書式指定文字 ： " & _
            Format(#4/11/2021#, "yyyy¥年m¥月d¥日")

    myStr5 = Format("Excel", _
            "" & "文字列表示書式指定文字 ： " & "" & _
            "@@@@@@")
```

書式に文字列を含む場合は、("")で囲む。

```
    MsgBox myStr1 & vbCrLf & myStr2 & vbCrLf & _
            vbCrLf & _
            myStr3 & vbCrLf & myStr4 & vbCrLf & _
            vbCrLf & _
            myStr5
End Sub
```

下の図は、事例69の実行結果です。

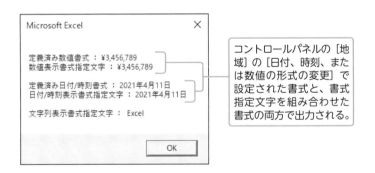

コントロールパネルの［地域］の［日付、時刻、または数値の形式の変更］で設定された書式と、書式指定文字を組み合わせた書式の両方で出力される。

　ここで、Windows10における、コントロールパネルの［地域］の［日付、時刻、または数値の形式の変更］による書式の変更方法を紹介します。

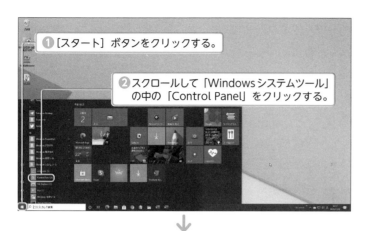

①［スタート］ボタンをクリックする。

②スクロールして「Windowsシステムツール」の中の「Control Panel」をクリックする。

↓

③「コントロールパネル」の「日付、時刻、数値形式の変更」をクリックする。

↓

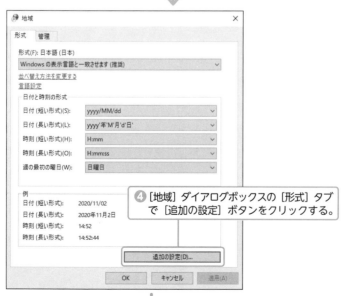

④［地域］ダイアログボックスの［形式］タブで［追加の設定］ボタンをクリックする。

↓ 次ページへ

↓ 前ページから

❺ ［形式のカスタマイズ］ダイアログボック
スのそれぞれのタブでパネルを表示して形
式を設定する。

■ 練習問題

問題 10-2

「2021/6/14 16:21:40」を CDate 関数を使って日付型に変
換したあと、和暦で「令和 3 年 6 月 14 日 16 時 21 分 40 秒」
とメッセージボックスに表示するマクロを作成しなさい。
解答は、巻末の 284 ページを参照のこと。

💡 ヒント

年号を漢字で表記して返す
表示書式指定文字を確認しま
しょう。

通貨形式の書式に変換した値を返す（FormatCurrency 関数）

FormatCurrency関数は、Format関数の使い勝手をよくした関数で、コントロールパネルの［地域］の［形式のカスタマイズ］の［通貨パネル］で設定された書式で変換されます。

FormatCurrency関数は、［通貨］パネルの「通貨記号」や「桁区切り」の設定値が反映されることを念頭に事例70のマクロとその実行結果を見てください。

```
事例70   通貨形式に変換する        [10章.xlsm] Module1
Sub FormatCurrency_Click()
    Dim myStr1 As String, myStr2 As String

    myStr1 = "定義済み数値書式 ： " & Format(3456789, "Currency")
    myStr2 = "FormatCurrency関数 ： " & FormatCurrency(3456789)

    MsgBox myStr1 & vbCrLf & myStr2
End Sub
```

▶ 解説動画
【10章_03】（事例70）

下の図は、事例70の実行結果です。

Microsoft Excel ×

定義済み数値書式 ： ¥3,456,789
FormatCurrency関数 ： ¥3,456,789

OK

取得できる文字列は、ともに等しい。

数値形式の書式に変換した値を返す（FormatNumber 関数）

FormatNumber関数は、コントロールパネルの［地域］の［形式のカスタマイズ］の［数値］パネルで設定されている書式を使って数値形式の文字列を返します。

関数の構文　**FormatNumber** 関数

**FormatNumber(データ[, 小数点以下桁数[,
ゼロの表示[, 括弧の表示[, 桁区切り]]]])**

第2～第5引数で指定できる項目は、下の図のようにダイアログボックスと対応しています。

小数点以下の桁数（第2引数）
桁区切り（第5引数）
括弧の表示（第4引数）
ゼロの表示（第3引数）

✔ チェック

第4引数の「括弧の表示」は、[数値]パネルの「負の値の形式」の設定値のことです。

では、実例を見てみましょう。

▶ 解説動画
【10章_04】（事例71）

事例71 数値形式に変換する　　　　◎ [10章.xlsm] Module1

```
Sub FormatNumber_Click()
    Dim myStr1 As String, myStr2 As String

    myStr1 = "定義済み数値書式 ： " & Format(1234567, "Standard")
    myStr2 = "FormatNumber関数 ： " & FormatNumber(1234567)

    MsgBox myStr1 & vbCrLf & myStr2
End Sub
```

下の図は、事例71の実行結果です。

取得できる文字列は、ともに等しい。

パーセント形式の書式に変換した値を返す（FormatPercent関数）

FormatPercent関数は、数値を100倍したパーセント形式の書式に変換し、パーセント記号（%）を最後に付けた文字列を返します。そして、FormatNumber関数同様に、コントロールパネルの［地域］の［形式のカスタマイズ］の［数値］パネルで設定されている書式に応じて変換されます。

　具体的には、小数点以下の桁数や数字をカンマで区切る桁数、そして先頭の「0」を表示するかしないかなどは［数値］パネルの設定値が反映されます。

　では、事例72のマクロとその実行結果を見てください。

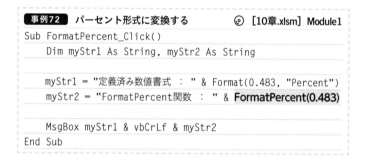

```
事例72  パーセント形式に変換する        ◎ ［10章.xlsm］Module1
Sub FormatPercent_Click()
    Dim myStr1 As String, myStr2 As String

    myStr1 = "定義済み数値書式 ： " & Format(0.483, "Percent")
    myStr2 = "FormatPercent関数 ： " & FormatPercent(0.483)

    MsgBox myStr1 & vbCrLf & myStr2
End Sub
```

● 解説動画
【10章_05】（事例72）

取得できる文字列
は、ともに等しい。

10-03

値のチェックを行う

マクロの実行中に、不正な値による実行時エラーを防ぐためにユーザーが入力した値が日付・時刻や数値であるかをチェックしたい場合があります。このような場合には、Isで始まるIsDate関数やIsNumeric関数を使います。　　　　　　　　　　　　　　　　◉[10章.xlsm]参照

数値であるかどうかをチェックする（IsNumeric関数）

　IsNumeric関数は、値が数値かどうかを判断するVBA関数です。数値の場合にはTrue、そうでない場合にはFalseを返します。

◉ **解説動画**
【10章_06】（事例73）

事例73 数値であるかどうかをチェックする ◉ [10章.xlsm] Module2

```
Sub IsNumeric_Click()
    Dim myVar1 As Variant, myVar2 As Variant, myVar3 As Variant
    Dim myVar4 As Variant, myVar5 As Variant

    Dim myMsg As String

    myVar1 = 837.4
    myVar2 = "123,456"
    myVar3 = "¥24,816"
    myVar4 = #7/1/2021#
    myVar5 = "Excel2019"

    myMsg = myMsg & myVar1 & " → " & IsNumeric(myVar1) & vbCrLf & vbCrLf
    myMsg = myMsg & myVar2 & " → " & IsNumeric(myVar2) & vbCrLf & vbCrLf
    myMsg = myMsg & myVar3 & " → " & IsNumeric(myVar3) & vbCrLf & vbCrLf
    myMsg = myMsg & myVar4 & " → " & IsNumeric(myVar4) & vbCrLf & vbCrLf
    myMsg = myMsg & myVar5 & " → " & IsNumeric(myVar5)

    MsgBox myMsg
End Sub
```

変数を1個ずつ、IsNumeric関数でチェックする。

　次ページの図は、事例73の実行結果です。

237

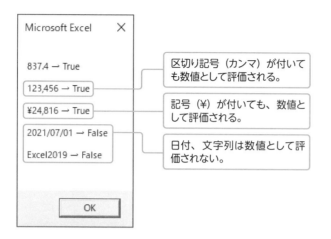

日付・時刻型であるかどうかをチェックする（IsDate 関数）

IsDate 関数は、値が日付・時刻型かどうかを判断するVBA関数です。日付・時刻型の場合にはTrue、そうでない場合にはFalseを返します。

事例74 日付・時刻型であるかどうかをチェックする

◎ ［10章.xlsm］ Module2

```
Sub IsDate_Click()
    Dim myVar1 As Variant, myVar2 As Variant, myVar3 As Variant
    Dim myVar4 As Variant, myVar5 As Variant, myVar6 As Variant

    Dim myMsg As String

    myVar1 = #4/11/2021#
    myVar2 = "2021/4/11"
    myVar3 = "2021年4月11日"
    myVar4 = "16:32:5"
    myVar5 = 3649
    myVar6 = "Excel2019"

    myMsg = myMsg & myVar1 & " → " & IsDate(myVar1) & vbCrLf & vbCrLf
    myMsg = myMsg & myVar2 & " → " & IsDate(myVar2) & vbCrLf & vbCrLf
    myMsg = myMsg & myVar3 & " → " & IsDate(myVar3) & vbCrLf & vbCrLf
    myMsg = myMsg & myVar4 & " → " & IsDate(myVar4) & vbCrLf & vbCrLf
    myMsg = myMsg & myVar5 & " → " & IsDate(myVar5) & vbCrLf & vbCrLf
    myMsg = myMsg & myVar6 & " → " & IsDate(myVar6)

    MsgBox myMsg
End Sub
```

変数を1個ずつ、IsDate 関数でチェックする。

● 解説動画
【10章_07】（事例74）

下の図は、事例74の実行結果です。

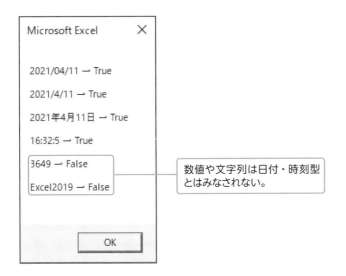

数値や文字列は日付・時刻型
とはみなされない。

練習問題

問題 10-3

　セルA1の値が日付だったら（時刻の場合は想定しない）、その100日後の日付をメッセージボックスに表示し、セルA1の値が数値だったら、その100倍の値をメッセージボックスに表示するマクロを作成しなさい。解答は、巻末の285ページを参照のこと。

💡 ヒント

　100日後を求めるにはどの関数を使えばよいか、もう一度第9章を読み返しましょう。

10-04

乱数を生成する

マクロの中では、ランダムな値が必要とされることがあります。このような場合には、Rnd関数を使って乱数を生成します。ここでは、このRnd関数と、乱数を生成する前に初期化を行う命令であるRandomizeステートメントについて解説します。

◉ [10章.xlsm] 参照

乱数を生成する（Rnd 関数）

Rnd関数は、乱数系列（乱数ジェネレータ）と呼ばれるデータの中から乱数を取得します。乱数のデータ型は（単精度浮動）小数点数型（Single型）で、値の範囲は0以上1未満となります。

では、Rnd関数で実際に1〜100の範囲の乱数を生成してみましょう。

▶ 解説動画
【10章_08】（事例75）

事例75　乱数を生成する　　　◉ [10章.xlsm] Module2

```
Sub Randomize_Click()
    Dim i As Long

    Worksheets("Sheet3").Activate

    Randomize          ← Randomize ステートメント
                          で乱数系列を初期化する。

    For i = 1 To 10
        Cells(i, 1).Value = Int((100 - 1 + 1) * Rnd + 1)
    Next i
End Sub
```

Rnd関数は0以上1未満の（単精度浮動）小数点数型の乱数を返すため、

```
Int((最大値 - 最小値 + 1) * Rnd + 1)
```

とすると、最大値から最小値までの範囲の整数の乱数を得ることができます。

なお、Int関数は小数点以下を切り捨てるVBA関数です。

下の図は、事例75の実行結果です。

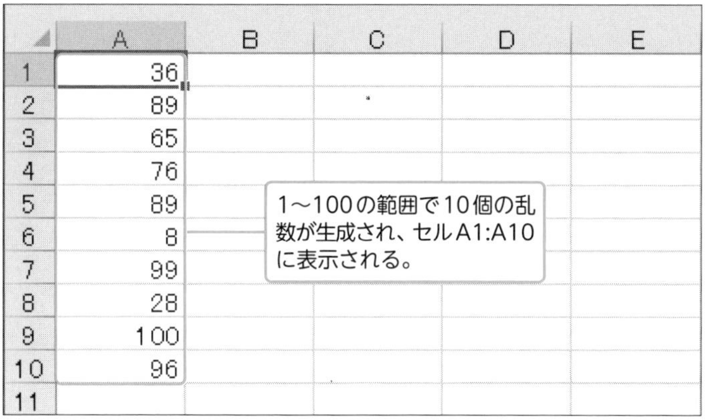

	A	B	C	D	E
1	36				
2	89				
3	65				
4	76				
5	89				
6	8				
7	99				
8	28				
9	100				
10	96				
11					

1～100の範囲で10個の乱数が生成され、セルA1:A10に表示される。

この事例75で紹介したサンプルコードでは、

```
Int((最大値 - 最小値 + 1) * Rnd + 最小値)
```

という式を利用して、任意の範囲に含まれる整数の乱数を算出しています。この式の意味を、10から15の範囲に含まれる整数の乱数を求める場合を例にとって考えてみましょう。

この式の「（最大値-最小値+1）」という部分は、最小値から最大値までの範囲に含まれる整数の個数を求めています。この例では最小値が10で最大値が15ですから、10、11、12、13、14、15の6個が含まれることになります。

Rnd関数は、0以上1未満のSingle型の乱数を返しますから、

```
（最大値 - 最小値 +1 ） * Rnd
```

は、0以上6未満の範囲に含まれるSingle型の値となります。この値に最小値の10を加算すると、10以上16未満の範囲に含まれるSingle型の値になります。最後に小数点以下を切り捨てるVBA関数であるInt関数を使うと10以上15以下、つまり指定した最小値から最大値に含まれる整数の値をとることができるのです。

問題 10-4

「10〜15の範囲の整数」を乱数で生成するステートメントを考えなさい。解答は、巻末の285ページを参照のこと。

前ページの説明をもう一度よく読んで考えましょう。

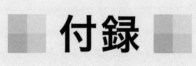
付録

サンプルファイルについて

ここでは、本書のサポートページからサンプルデータをダウンロードする方法と、その使い方について解説します。

サンプルデータの使い方

本書で解説する事例のために使用するサンプルファイルは、以下のWebサイトからダウンロードすることができます。

https://gihyo.jp/book/2021/978-4-297-11923-2/support

ダウンロードしたファイルは、圧縮ファイル（ZIPファイル）となっています。次の方法で、展開してからご利用ください。

①ダウンロードしたファイルの入っているフォルダーを開き、ダウンロードファイルの上で右クリックします。
②表示されたメニューから［すべて展開］をクリックします。
③展開先の確認画面が表示されます。
④ダウンロードしたフォルダーと同じ場所に展開する場合は［展開］ボタンをクリックします。展開先を変更する場合は［参照］ボタンをクリックし、任意の場所（デスクトップなど）を選択します。（本書ではCドライブに「Excel2019VBA」フォルダーがあることを想定して解説しているマクロもあります。）
⑤展開が完了すると、自動的に展開したフォルダーの内容が表示されます。

ダウンロードしたサンプルファイルを開くと、「保護ビュー」で開かれます。本書で使うサンプルファイルはすべてウイルスチェックを済ませてありますので、［編集を有効にする］ボタンをクリックしてください。この操作でファイルが編集可能になります。その後、「セキュリティ警告」が表示されますが、17ページの『「Excelマクロ有効ブック」のマクロを有効にする』を参考に、マクロを有効にしてご利用ください。

付録 **02**

解説動画について

本書では、操作手順やサンプルマクロの実行結果を動画で解説しています。ここでは、解説動画の確認方法について解説します。

解説動画の見方

　本書で解説する操作手順やサンプルマクロを使用した各事例の実行結果は、次の方法で動画で確認することができます。

【パソコンで見る場合】
① 本書で目的の解説動画の番号を確認します。
② 以下のWebサイトにアクセスします。
　https://gihyo.jp/book/2021/978-4-297-11923-2/support
③ 解説動画の一覧が表示されますので、目的の解説動画の番号をクリックします。

【スマートフォンやタブレットで見る場合】
① 目的の解説動画ページを開きます。
② 掲載されているQRコードをスマートフォンまたはタブレットで読み込みます。

　本文に表示された右のような記載を確認し、パソコンで見る場合には解説動画の番号を確認してから、上記のWebサイトへ、スマートフォンやタブレットで見る場合には、QRコードを読み込んでください。

▶ 解説動画
【序章_01】

パソコンで見る場合には、この解説動画の番号を確認する。

スマートフォンやタブレットで見る場合には、このQRコードを読み込む。

VBA 関数リファレンス

すべてのVBA関数をアルファベット順に掲載します。本書で解説しているものだけでなく、重要度
や難易度の観点から本シリーズでは触れていない関数もありますが、関数名、機能、構文を掲載し
ていますので、リファレンスとして活用してください。

Abs 関数

引き渡した数値の絶対値を同じバリアント型で返す。

構文

```
Abs(number)
```

Array 関数

配列が格納されたバリアント型の値を返す。

構文

```
Array(arglist)
```

Asc 関数

整数型の値を返す。指定した文字列内にある先頭の文字の文字コードを返す変換関数。

構文

```
Asc(string)
```

Atn 関数

指定した数値のアークタンジェントを倍精度浮動小数点数型で返す。

構文

```
Atn(number)
```

CallByName関数

指定したオブジェクトのメソッドの実行、あるいはプロパティの値の取得や設定を行う。

構文
```
CallByName(object, procname, calltype[, args()])
```

データ型変換関数

各関数は式を特定のデータ型に変換する。

構文
```
CBool(expression)
CByte(expression)
CCur(expression)
CDate(expression)
CDbl(expression)
CDec(expression)
CInt(expression)
CLng(expression)
CLngLng(expression)
CLngPtr(expression)
CSng(expression)
CStr(expression)
CVar(expression)
```

Choose関数

引数のリストから値を選択して返す。

構文
```
Choose(index, choice-1[, choice-2, ...[, choice-n]])
```

Chr関数

指定した文字コードに対応する文字をバリアント型の値で返す。

構文
```
Chr(charcode)
```

Command 関数

Microsoft Visual Basic または Visual Basic で開発した実行可能なプログラムを起動させるために使用するコマンドラインの引数の部分を返す。Visual Basic の Command 関数は Microsoft Office アプリケーションでは使用できない。

構文
```
Command
```

Cos 関数

指定した角度のコサインを倍精度浮動小数点数型で返す。

構文
```
Cos(number)
```

CreateObject 関数

ActiveX オブジェクトへの参照を作成して返す。

構文
```
CreateObject(class[, servername])
```

CurDir 関数

指定したドライブの現在のパスを表すバリアント型（内部処理形式 String の Variant）の値を返す。

構文
```
CurDir[(drive)]
```

CVErr 関数

ユーザーが指定した数値（エラー番号）を、バリアント型の内部処理形式であるエラー値に変換した値を返す変換関数。

構文
```
CVErr(errornumber)
```

Date 関数

現在のシステムの日付を含むバリアント型（内部処理形式Dateの Variant）の値を返す。

構文
```
Date
```

DateAdd 関数

指定された時間間隔を加算した日付をバリアント型（内部処理形式Stringの Variant）の値で返す。

構文
```
DateAdd(interval, number, date)
```

DateDiff 関数

2つの指定した日付の時間間隔を表すバリアント型（内部処理形式Dateの Variant）の値を指定する。

構文
```
DateDiff(interval, date1, date2[, firstdayofweek[, firstweekofyear]])
```

DatePart 関数

日付の指定した部分を含むバリアント型（内部処理形式Integerの Variant）の値を返す。

構文
```
DatePart(interval, date[, firstdayofweek[, firstweekofyear]])
```

DateSerial 関数

引数に指定した年、月、日に対応するバリアント型（内部処理形式Dateの Variant）の値を返す。

構文
```
DateSerial(year, month, day)
```

DateValue 関数

日付を表すバリアント型（内部処理形式Dateの Variant）の値を返す。

構文
```
DateValue(date)
```

Day 関数

月の何日かを表す1〜31の範囲の整数を表すバリアント型（内部処理形式IntegerのVariant）の値を返す。

構文
```
Day(date)
```

DDB 関数

倍精度浮動小数点数型の値を返す。倍率法などの指定した方法を使って特定の期における資産の減価償却費を返す。

構文
```
DDB(cost, salvage, life, period[, factor])
```

Dir 関数

指定したパターンやファイル属性と一致するファイルまたはフォルダーの名前を表す文字列型の値を返す。ドライブのボリュームラベルも取得できる。

構文
```
Dir[(pathname[, attributes])]
```

DoEvents 関数

発生したイベントがオペレーティングシステムによって処理されるように、プログラムで占有していた制御をオペレーティングシステムに渡すフロー制御関数。整数型の値を返す。

構文
```
DoEvents()
```

Environ 関数

オペレーティングシステムの環境変数に割り当てられた文字列をバリアント型で返す。

構文
```
Environ({envstring | number})
```

EOF関数

ランダムアクセスモード（Random）またはシーケンシャル入力モード（Input）で開いたファイルの現在位置がファイルの末尾に達している場合、ブール型の値を返す。

構文
```
EOF(filenumber)
```

Error関数

指定したエラー番号に対応するエラーメッセージを返す。バリアント型の値を返す。

構文
```
Error[(errornumber)]
```

Exp関数

指数関数（eを底とする数式のべき乗）を計算する数値演算関数。

構文
```
Exp(number)
```

FileAttr関数

Openステートメントで開いたファイルのファイルモードを示す長整数型（Long）の値を返す。

構文
```
FileAttr(filenumber, returntype)
```

FileDateTime関数

指定したファイルの作成日時または最後に修正した日時を示すバリアント型（内部処理形式Dateの Variant）の値を返す。

構文
```
FileDateTime(pathname)
```

FileLen関数

ファイルのサイズをバイト単位で表す長整数型 (Long) の値を返す。

構文
```
FileLen(pathname)
```

Filter関数

指定されたフィルター条件に基づいた文字列配列のサブセットを含むゼロベースの配列を返す。

構文
```
Filter(sourcesrray, match[, include[, compare]])
```

Fix関数

指定した数値の整数部分をバリアント型で返す。

構文
```
Fix(number)
```

Format関数

式を指定した書式に変換し、その文字列を示すバリアント型 (内部処理形式 String の Variant) の値を返す。

構文
```
Format(expression[, format[, firstdayofweek[, firstweekofyear]]])
```

FormatCurrency関数

システムの [コントロールパネル] で定義されている書式を使って通貨形式の文字列を返す文字列処理関数。

構文
```
FormatCurrency(Expression[, NumDigitsAfterDecimal[, IncludeLeadingDigit[,
UseParensForNegativeNumbers[, GroupDigits]]]])
```

FormatDateTime 関数

日付形式または時刻形式の文字列を返す文字列処理関数。

構文
```
FormatDateTime(Date[, NamedFormat])
```

FormatNumber 関数

数値形式の文字列を返す。

構文
```
FormatNumber(Expression[, NumDigitsAfterDecimal[, IncludeLeadingDigit[,
UseParensForNegativeNumbers[, GroupDigits]]]])
```

FormatPercent 関数

100で乗算したパーセント形式の式にパーセント記号（%）を付加した文字列を返す。

構文
```
FormatPercent(Expression[, NumDigitsAfterDecimal[, IncludeLeadingDigit[,
UseParensForNegativeNumbers[, GroupDigits]]]])
```

FreeFile 関数

使用可能なファイル番号を整数型の値で返すファイル入出力関数。

構文
```
FreeFile[(rangenumber)]
```

FV 関数

倍精度浮動小数点数型の値を返す。定額の支払いを定期的に行い、利率が一定であると仮定して、投資の将来価値を返す。

構文
```
FV(rate, nper, pmt[, pv[, type]])
```

GetAllSettings関数

Microsoft Windowsのレジストリにあるアプリケーションの項目から、SaveSettingステートメントを使って作成された項目内のすべてのキー設定および各キー設定に対応する値のリストを返す。

構文
```
GetAllSettings(appname, section)
```

GetAttr関数

ファイルまたはフォルダーの属性を表す整数型の整数を返す。

構文
```
GetAttr(pathname)
```

GetObject関数

ファイルから取得したActiveXオブジェクトへの参照を返す。

構文
```
GetObject([pathname][, class])
```

GetSetting関数

Microsoft Windowsのレジストリにあるアプリケーションの項目からキー設定値を文字列型で返す。

構文
```
GetSetting(appname, section, key[, default])
```

Hex関数

指定した値を16進数で表した文字列をバリアント型で返す。

構文
```
Hex(number)
```

Hour関数

1日の時刻を表す0～23の範囲の整数を表すバリアント型(内部処理形式IntegerのVariant)の値を返す。

構文
```
Hour(time)
```

IIf 関数

式の評価結果によって、2つの引数のうち1つを返す。

構文
```
IIf(expr, truepart, falsepart)
```

IMEStatus 関数

整数型の値を返す。IMEの現在の状態を返す。

構文
```
IMEStatus
```

Input 関数

シーケンシャル入力モード（Input）またはバイナリモード（Binary）で開いたファイルから指定した文字数の文字列を読み込み文字列型の値を返す。

構文
```
Input(number, [#]filenumber)
```

InputBox 関数

文字列型の値を返す。メッセージボックスにメッセージとテキストボックスを表示し、ボタンをクリックするとテキストボックスの内容を返す。

構文
```
InputBox(prompt[, title][, default][, xpos][, ypos][, helpfile][, context])
```

InStr 関数

バリアント型（内部処理形式LongのVariant）の値を返す。ある文字列（string1）の中から指定した文字列（string2）を検索し、最初に見つかった文字位置（先頭からその位置までの文字数）を返す文字列処理関数。

構文
```
InStr([start, ]string1, string2[, compare])
```

InStrRev関数

　長整数型の値を返す。ある文字列（string1）の中から指定された文字列（string2）を最後の文字位置から検索を開始し、最初に見つかった文字位置（先頭からその位置までの文字数）を返す文字列処理関数。

構文
```
InStrRev(stringcheck, stringmatch[, start[, compare]])
```

Int関数

　指定した数値の整数部分をバリアント型で返す。

構文
```
Int(number)
```

IPmt関数

　倍精度浮動小数点数型の値を返す。定額の支払いを定期的に行い、利率が一定であると仮定して、投資期間内の指定した期に支払う金利を返す。

構文
```
IPmt(rate, per, nper, pv[, fv[, type]])
```

IRR関数

　倍精度浮動小数点数型の値を返す。一連の定期的なキャッシュフロー（支払いと収益）に対する内部利益率を返す。

構文
```
IRR(values()[, guess])
```

IsArray関数

　変数が配列であるかどうかを調べ結果をブール型で返す。

構文
```
IsArray(varname)
```

IsDate 関数

式を日付に変換できるかどうかを調べ結果をブール型で返す。

構文

IsDate(expression)

IsEmpty 関数

変数がEmpty値かどうかを調べ結果をブール型で返す。

構文

IsEmpty(expression)

IsError 関数

式がエラー値かどうかを調べ結果をブール型で返す。

構文

IsError(expression)

IsMissing 関数

プロシージャに省略可能なバリアント型の引数が渡されたかどうかを調べ結果をブール型で返す。

構文

IsMissing(argname)

IsNull 関数

式にNull値が含まれているかどうかを調べ結果をブール型で返す。

構文

IsNull(expression)

IsNumeric 関数

式が数値として評価できるかどうかを調べ結果をブール型で返す。

構文

IsNumeric(expression)

IsObject関数

識別子がオブジェクト変数を表しているかどうかを示すブール型の値を返す。

構文
```
IsObject(identifier)
```

Join関数

配列に含まれる各要素の内部文字列を結合して作成される文字列を返す。

構文
```
Join(sourcearray[, delimiter])
```

LBound関数

配列の指定された次元で使用できる最小の添字を長整数型の値で返す。

構文
```
LBound(arrayname[, dimension])
```

LCase関数

アルファベットの大文字を小文字に変換する文字列処理関数。

構文
```
LCase(string)
```

Left関数

バリアント型（内部処理形式StringのVariant）の値を返す。文字列の左端から指定した文字数分の文字列を返す。

構文
```
Left(string, length)
```

Len関数

指定した文字列の文字数または指定した変数に必要なバイト数を表す数値をバリアント型で返す。

構文
```
Len(string | varname)
```

Loc 関数

開いたファイル内の現在の読み込み位置または書き込み位置を示す長整数型の値を返す。

構文
```
Loc(filenumber)
```

LOF 関数

Openステートメントを使用して開いたファイルの長さをバイト単位で示す長整数型の値を返す。

構文
```
LOF(filenumber)
```

Log 関数

倍精度浮動小数点数型の自然対数を返す数値演算関数である。

構文
```
Log(number)
```

LTrim 関数

指定した文字列から先頭のスペースを削除した文字列を表すバリアント型(内部処理形式Stringの Variant)の値を返す。

構文
```
LTrim(string)
```

Mid 関数

バリアント型(内部処理形式StringのVariant)の値を返す。文字列から指定した文字数分の文字列を返す。

構文
```
Mid(string, start[, length])
```

Minute 関数

時刻の分を表す0〜59の範囲の整数を表すバリアント型(内部処理形式IntegerのVariant)の値を返す。

構文
```
Minute(time)
```

MIRR関数

倍精度浮動小数点数型の値を返す。一連の定期的なキャッシュフロー（支払いと収益）に基づいて、修正内部利益率を返す。

構文
```
MIRR(values(), finance_rate, reinvest_rate)
```

Month関数

1年の何月かを表す0～12の範囲の整数を表すバリアント型（内部処理形式IntegerのVariant）の値を返す。

構文
```
Month(date)
```

MonthName関数

指定された月を表す文字列を返す。

構文
```
MonthName(month[, abbreviate])
```

MsgBox関数

整数型の値を返す。メッセージボックスにメッセージを表示し、ボタンがクリックされるのを待って、どのボタンがクリックされたのかを示す値を返す。

構文
```
MsgBox(prompt[, buttons][, title][, helpfile, context])
```

Now関数

コンピューターのシステムの日付と時刻の設定に基づいて、現在の日付と時刻を表すバリアント型（内部処理形式DateのVariant）の値を返す。

構文
```
Now
```

NPer関数

倍精度浮動小数点数型の値を返す。定額の支払いを定期的に行い、利率が一定であると仮定して、投資に必要な期間を返す。

構文
```
NPer(rate, pmt, pv[, fv[, type]])
```

NPV関数

倍精度浮動小数点数型の値を返す。一連の定期的なキャッシュフロー（支払いと収益）と割引率に基づいて、投資の正味現在価値を返す。

構文
```
NPV(rate, values())
```

Oct関数

引数に指定した値を8進数で表すバリアント型（内部処理形式StringのVariant）の値を返す。

構文
```
Oct(number)
```

Partition関数

ある数値が、区切られた複数の範囲のうち、どの範囲に含まれるかを示すバリアント型（内部処理形式StringのVariant）の文字列を返す。

構文
```
Partition(number, start, stop, interval)
```

Pmt関数

倍精度浮動小数点数型の値を返す。定額の支払いを定期的に行い、利率が一定であると仮定して、投資に必要な定期支払額を返す。

構文
```
Pmt(rate, nper, pv[, fv[, type]])
```

PPmt 関数

倍精度浮動小数点数型の値を返す。定額の支払いを定期的に行い、利率が一定であると仮定して指定した期に支払われる元金を返す。

構文
```
PPmt(rate, per, nper, pv[, fv[, type]])
```

PV 関数

倍精度浮動小数点数型の値を返す。定額の支払いを定期的に行い、利率が一定であると仮定して、投資の現在価値を返す。

構文
```
PV(rate, nper, pmt[, fv[, type]])
```

QBColor 関数関数

指定した色番号に対応するRGBコードを表す長整数型の値を返す。

構文
```
QBColor(color)
```

Rate 関数

倍精度浮動小数点数型の値を返す。投資期間を通じての利率を返す。

構文
```
Rate(nper, pmt, pv[, fv[, type[, guess]]])
```

Replace 関数

指定された文字列の一部を、別の文字列で指定された回数分で置換した文字列を返す。

構文
```
Replace(expression, find, replace[, start[, count[, compare]]])
```

RGB 関数

色のRGB値を表す長整数型の値を返す。

構文
```
RGB(red, green, blue)
```

Right関数

　バリアント型（内部処理形式StringのVariant）の値を返す。文字列の右端から指定した文字数分の文字列を返す。

構文
```
Right(string, length)
```

Rnd関数

　単精度浮動小数点数型の乱数を返す。

構文
```
Rnd[(number)]
```

Round関数

　指定された小数点位置で丸めた数値を返す。

構文
```
Round(expression[, numdecimalplaces])
```

RTrim関数

　指定した文字列から末尾のスペースを削除した文字列を表すバリアント型（内部処理形式Stringの Variant）の値を返す。

構文
```
RTrim(string)
```

Second関数

　時間の秒を表す0～59の範囲の整数を表すバリアント型（内部処理形式IntegerのVariant）の値を返す。

構文
```
Second(time)
```

Seek 関数

Open ステートメントを使用して開いたファイルの現在の読み込み位置または書き込み位置を示す長整数型の値を返す。

構文
```
Seek(filenumber)
```

Sgn 関数

引数に指定した値の符号をバリアント型(内部処理形式IntegerのVariant)の値で返す数値演算関数。

構文
```
Sgn(number)
```

Shell 関数

実行可能プログラムを実行し、実行が完了するとプログラムのタスクIDを示す倍精度浮動小数点数型の値を返す。プログラムの実行に問題が発生した場合は0を返す。

構文
```
Shell(pathname[, windowstyle])
```

Sin 関数

指定した角度のサインを倍精度浮動小数点数型の値で返す数値演算関数。

構文
```
Sin(number)
```

SLN 関数

倍精度浮動小数点数型の値を返す。定額法を用いて資産の1期あたりの減価償却費を返す。

構文
```
SLN(cost, salvage, life)
```

Space関数

　バリアント型（内部処理形式StringのVariant）の値を返す。指定した数のスペースからなる文字列を返す文字列処理関数。

構文

```
Space(number)
```

Spc関数

　Print#ステートメントまたはPrintメソッドと共に使用し、指定した数のスペースを挿入するファイル入出力関数。

構文

```
Spc(n)
```

Split関数

　各要素ごとに区切られた文字列から1次元配列を作成し返す。

構文

```
Split(expression[, delimiter[, limit[, compare]]])
```

Sqr関数

　数式の平方根を倍精度浮動小数点数型の値で返す数値演算関数。

構文

```
Sqr(number)
```

Str関数

　バリアント型（内部処理形式StringのVariant）の値を返す。数式の値を文字列で表した値（数字）で返す文字列処理関数。

構文

```
Str(number)
```

StrComp関数

文字列比較の結果を表すバリアント型（内部処理形式StringのVariant）の値を返す。

構文
```
StrComp(string1, string2[, compare])
```

StrConv関数

変換した文字列をバリアント型（内部処理形式StringのVariant）で返す。

構文
```
StrConv(string, conversion, LCID)
```

StrReverse関数

指定された文字列の文字の並びを逆にした文字列を返す。

構文
```
StrReverse(expression)
```

String関数

バリアント型（内部処理形式StringのVariant）の値を返す。指定した文字コード（ASCIIまたはシフトJISコード）の示す文字、または文字列の先頭文字を、指定した文字数だけ並べた文字列を返す文字列処理関数。

構文
```
String(number, character)
```

Switch関数

式のリストを評価し、リストの中で真（True）となる最初の式に関連付けられたバリアント型の値または式を返す。

構文
```
Switch(expr-1, value-1[, expr-2, value-2... [, expr-n, value-n]])
```

SYD 関数

倍精度浮動小数点数型の値を返す。定額逓減法を使って指定した期の減価償却費を返す。

構文

```
SYD(cost, salvage, life, period)
```

Tab 関数

Print# ステートメントまたはPrint メソッドと共に使用し、次の文字の出力位置を移動するファイル入出力関数。

構文

```
Tab[(n)]
```

Tan 関数

指定した角度のタンジェントを倍精度浮動小数点数型の値で返す数値演算関数。

構文

```
Tan(number)
```

Time 関数

現在のシステムの時刻を表すバリアント型（内部処理形式Date の Variant）の値を返す。

構文

```
Time
```

Timer 関数

午前0時（真夜中）から経過した秒数を表す単精度浮動小数点数型の値を返す。

構文

```
Timer
```

TimeSerial 関数

引数で指定した時、分、および秒に対応する時刻を含むバリアント型（内部処理形式Dat の Variant）の値を返す。

構文

```
TimeSerial(hour, minute, second)
```

TimeValue関数

時刻を表すバリアント型（内部処理形式DateのVariant）の値を返す。

構文
```
TimeValue(time)
```

Trim関数

指定した文字列から先頭と末尾の両方のスペースを削除した文字列を表すバリアント型（内部処理形式StringのVariant）の値を返す。

構文
```
Trim(string)
```

TypeName関数

変数に関する情報を提供する文字列型の文字列を返す。

構文
```
TypeName(varname)
```

UBound関数

配列の指定された次元で使用できる添字の最大値を長整数型の値で返す。

構文
```
UBound(arrayname[, dimension])
```

UCase関数

バリアント型（内部処理形式StringのVariant）の値を返す。指定したアルファベットの小文字を大文字に変換する文字列処理関数。

構文
```
UCase(string)
```

Val関数

指定した文字列に含まれる数値を倍精度浮動小数点数型に変換して返す。

構文

```
Val(string)
```

VarType関数

変数の内部処理形式を表す整数型の値を返す。

構文

```
VarType(varname)
```

Weekday関数

何曜日であるかを表す整数を表すバリアント型（内部処理形式IntegerのVariant）の値を返す。

構文

```
Weekday(date[, firstdayofweek])
```

WeekdayName関数

指定された曜日を表す文字列を返す。

構文

```
WeekdayName(weekday, abbreviate, firstdayofweek)
```

Year関数

年を表すバリアント型（内部処理形式IntegerのVariant）の値を返す。

構文

```
Year(date)
```

練習問題の解答

本書内の随所で出題した練習問題の解答です。練習問題は、重要事項が理解できているのかを確認する基礎問題と、1ランク上の知識を習得するための応用問題をバランスよく用意しました。しっかりとチェックして、間違えた問題はもう一度学習してください。

問題序-1の解答

間違いです。Alt + F11 キーを押すとVBEが起動します。

問題序-2の解答

間違いです。「マクロの記録」機能を使えば、シートの移動、コピー、追加、削除や、セルの並べ替えやオートフィルタ、印刷など、Excelのほとんどの操作をマクロにすることができます。

問題序-3の解答

① プロジェクト ② プロジェクトエクスプローラー

問題1-2-1の解答

① オブジェクト

問題1-2-2の解答

① 取得 ② 設定または変更

問題1-2-3の解答

次のステートメントが正解です。

```
Worksheets.Add After:=Worksheets(3)
```

問題1-3の解答

　間違いです。次のように親オブジェクトからたどっていけば、親オブジェクトがアクティブでなくてもセルA1に「VBA」と入力できますが、これは最上位の親オブジェクトである「Book1.xlsm」が開いていることが大前提です。VBAでは開いていないブックを操作することはできません。

```
Workbooks("Book1.xlsm").Worksheets("Sheet1").Range("A1").Value = "VBA"
```

問題2-3の解答

　DisplayAlertsプロパティで「セキュリティの警告」メッセージを非表示にすることはできません。「セキュリティの警告」メッセージは、開いたブックの中にマクロを見つけた瞬間に表示されるので、マクロを実行して初めて動作するDisplayAlertsプロパティでは非表示にできません。

問題2-4の解答

　A – ②xlSheetHidden　　B – ③xlSheetVeryHidden　　C – ①xlSheetVisible

問題2-5の解答

　① Sheet3　　　② グラフ3　　　③ Sheet2

問題3-2-1の解答

　②のように選択されます。もし

```
Range("B1,D4").Select
```

というステートメントでしたら①のセルが選択されます。

問題3-2-2の解答

　エラーは発生しません。55ページの『1-03　オブジェクトの親子関係』で説明したとおり、Valueプロパティの場合は親オブジェクトがアクティブになっている必要はありません。

問題3-3の解答

次のマクロが正解です。

```
Sub Macro1 ()
    With ActiveWindow
        .DisplayGridlines = Not .DisplayGridlines
    End With
End Sub
```

問題3-4-1の解答

```
MsgBox Range("A1:B5").Value
```

　このステートメントでセルA1:B5という複数のセルの値を一度にメッセージボックスに表示することはできません。このステートメントを実行すると次のエラーが出ます。

問題3-4-2の解答

　①のステートメントは「文字列数値」なのでセルA2、②のステートメントは「数値」なのでセルA1です。

問題3-4-3の解答

　次図のように、セルC1の「数式」が「値」で上書きされて、セルC1の内容は「300」になります。

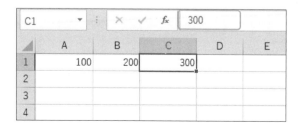

```
Range("C1").Value = Range("C1").Value
```

の場合、右辺のValueプロパティは数式ではなく「値」を取得するので、その値を左辺に代入すれば、数式に上書きする形でセルC1には「値」が設定されます。これは、数式を一括で値に変更するときに使えるテクニックなので確実に覚えてください。

問題3-5の解答

セル範囲A1：B2が選択されます。

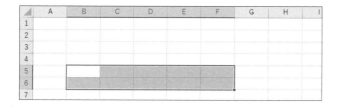

問題3-6-1の解答

セル範囲B2：F3が選択されます。

問題3-6-2の解答

セル範囲B5：F6が選択されます。

問題3-7-1の解答

次のステートメントが正解です。

```
Range("A1").CurrentRegion.BorderAround Weight:=xlThick
```

外枠   太い罫線

次のマクロが正解です。

```
Sub Sample()
    Range("A1").CurrentRegion.Offset(1, 1).Select
    Selection.Resize(Selection.Rows.Count - 2, Selection.Columns.Count - 2).Select
End Sub
```

まず、CurrentRegionプロパティでアクティブセル領域（セルA1：G8）を参照し、Offsetプロパティで1行下、1列右に移動したセルB2：H9を選択します。

そして、行数と列数をともに2減算すれば、セルB2：F7が選択されます。

これはVBAの上級者でも頭を悩ます設問で、この問題がわかればセルの相対参照に関しては誰にも引けを取らない上級者と言っても良いでしょう。

次のステートメントが正解です。

```
Range("A5", Range("A5").End(xlToRight)).Select
```

右端の最終セル

セルA11は選択できずに、セルA8が選択されます。

```
Range("A1").End(xlDown).Offset(1).Select
```

のようにセルA1を基点に下方向にEndプロパティを使うと、データがないときにエラーが発生してしまうのは117ページで述べたとおりですが、このようにデータベースの中途に空白セルがある場合にも正常に動作しません。

だからこそ、次のようなマクロにしなければなりません。

```
Sub 新規データ()
    Cells(Rows.Count, 1).End(xlUp).Offset(1).Select
End Sub
```

問題4-3の解答

① Dim ② Option Explicit

問題4-4-1の解答

変数「n」を、以下のようにLong型で宣言します。

```
Dim n As Long
```

このようにInteger型ではオーバーフローをしてしまう懸念があるので、「大は小を兼ねる」でLong型で宣言することを推奨します。

問題4-4-2の解答

オブジェクト変数にオブジェクトを代入するためには、次のマクロのようにSetステートメントを使わなければなりません。

```
Sub 新規シート()
    Dim myWS As Worksheet

    Set myWS = Worksheets.Add

    myWS.Move After:=Sheets(Sheets.Count)
End Sub
```

問題4-4-3の解答

```
Dim myRowCount, myColCount As Long
```

上の問題のような宣言では、最初の変数「myRowCount」はVariant型になってしまいます。変数を1行で宣言するときには、たとえ同じデータ型でも、次のように変数ごとにデータ型を指定しなければなりません。

```
Dim myRowCount As Long, myColCount As Long
```

次のマクロが正解です。

```
Sub Macro1()

    If Worksheets("Sheet1").Visible = False Then Worksheets("Sheet1").Visible = True

End Sub
```

次のマクロが正解です。

```
Sub Macro1()

    If Worksheets("Sheet1").Visible = False Then
        Worksheets("Sheet1").Visible = True
        Worksheets("Sheet1").Tab.Color = vbRed
    End If

End Sub
```

ただし、このマクロは次のようにWithステートメントを使用すると読みやすくなります。

```
Sub Macro1()

    With Worksheets("Sheet1")
        If .Visible = False Then
            .Visible = True
            .Tab.Color = vbRed
        End If
    End With

End Sub
```

実行されるステートメントは①です。

実行されるステートメントは②です。

次のマクロが正解です。

```
Sub Macro1()

    If Not Worksheets("Sheet1").Visible Then Worksheets("Sheet1").Visible = True

End Sub
```

問題5-2の解答

Select Caseステートメントは、上から順番に条件を判断していくので、「85」という値が「Case Is >= 40」を満たしてしまっているため、「A」ではなく「C」と表示されてしまいます。

なお、マクロを「To」を使って書き換えると次のようになります。

```
Sub TestResult()
    Select Case Range("A1").Value
        Case 40 To 59
            Range("B1").Value = "C"
        Case 60 To 79
            Range("B1").Value = "B"
        Case 80 To 100
            Range("B1").Value = "A"
        Case Else
            Range("B1").Value = "不可"
    End Select
End Sub
```

このマクロであれば、「85」のときは「A」と表示されます。

問題6-1の解答

次のマクロが正解です。

```
Sub Macro1()
    Dim i As Long

    For i = 1 To 5
        MsgBox i & "回目です"
    Next
End Sub
```

次のマクロが正解です。

```
Sub SaveWB()
    Dim myBook As Workbook

    For Each myBook In Workbooks
        If myBook.Saved = False Then
            myBook.Save
        End If
    Next
End Sub
```

問題6-2-2の解答

次のようなステートメントになります。

```
For Each myRange In Worksheets(2).Range("A1").CurrentRegion
    If myRange.Value >= 70 Then myRange.Interior.Color = vbYellow
Next
```

セルA1を基準セルに、アクティブセル領域を参照するCurrentRegionプロパティを使って、アクティブセル領域の中でループします。

問題6-3の解答

Do Until…Loopステートメントを使う場合には次のようなマクロになります。

```
Sub WriteNumber1()
    Dim i As Long

    Range("A1").Select
    i = 1

    Do Until ActiveCell.Value <> ""
        ActiveCell.Value = i
        i = i + 1
        ActiveCell.Offset(1, 1).Select
    Loop
End Sub
```

一方、Do While…Loopステートメントを使う場合には次のようなマクロになります。

```
Sub WriteNumber2()
    Dim i As Long

    Range("A1").Select
    i = 1

    Do While ActiveCell.Value = ""
        ActiveCell.Value = i
        i = i + 1
        ActiveCell.Offset(1, 1).Select
    Loop
End Sub
```

　条件判断を「<>」にするか、真逆の「=」にするかの違いですが、このことを理解していれば、Do Until…Loopステートメント、もしくはDo While…LoopステートメントのいずれかだけでDo…Loopステートメントを作成することができます。

問題7-1-1の解答

　正解は③です。

問題7-1-2の解答

　このケースのようにMsgBox関数の戻り値を左辺の変数に代入するときは、次のように引数をかっこ「()」で囲まなければなりません。

```
myBtn = MsgBox("実行しますか?", vbYesNo)
```

　ちなみに、戻り値を使わないときには、かっこ「()」で囲んではいけません。

戻り値を使わない例
```
MsgBox "こんにちは"
```

次のマクロが正解です。

```
Sub Macro1()
    Dim mySNo As Long
    Dim myMsg As String, myTitle As String

    myMsg = "ワークシートの番号を指定してください"
    myTitle = "ワークシートの非表示"

    mySNo = Application.InputBox(Prompt:=myMsg, Title:=myTitle, Type:=1)

    If mySNo > Worksheets.Count Then mySNo = 0

    If mySNo <> 0 Then Worksheets(mySNo).Visible = False
End Sub
```

次のマクロが正解です。

```
Sub Macro1()
    Dim myName As Variant
    Dim myMsg As String, myTitle As String

    myMsg = "氏名を入力してください"
    myTitle = "氏名の入力"

    myName = Application.InputBox(Prompt:=myMsg, Title:=myTitle, Type:=2)

    If myName = False Then
        MsgBox "氏名を入力してください"
        Exit Sub
    End If

    Range("B3").Value = myName
End Sub
```

マクロの中でそれ以上処理を実行する必要がないときは、Exit Sub ステートメントでそのマクロを抜ける（マクロの実行を終了する）ことができます。

［キャンセル］ボタンが選択されたときの戻り値が「False」なので、変数「myName」をVariant型で定義している点に注意してください。

①は、「○」。②は、「×」(InputBox関数の引数に「Type」はない)。③は、「○」。④は、「×」(InputBox関数のメッセージボックスで[キャンセル]ボタンをクリックすると、空の文字列が返される)。

問題8-2の解答

次のステートメントが正解です。

```
MsgBox Mid(myStr, 3)
```

問題8-3-1の解答

LCase関数は、セル範囲に対しては使用できないので、

```
Range("A1:A10").Value = LCase(Range("A1:A10").Value)
```

のステートメントで、セル範囲A1：A10の文字列をすべて小文字にすることはできません。
さらに、このステートメントではエラーが発生します。

セル範囲A1：A10の文字列をLCase関数で小文字にするときは、次のマクロのようにFor...Nextステートメントを使って、セルの文字列を1つずつ小文字に変換していきます。

```
Sub Macro1()

    Dim i As Long

    For i = 1 To 10
        Cells(i, 1).Value = LCase(Cells(i, 1).Value)
    Next i

End Sub
```

正解はReplaceメソッドです。

Excelには、元々の機能として〔置換〕コマンドが用意されています。したがって、セルに展開された文字列であれば、Replace関数を使わなくても、〔置換〕コマンドに相当するReplaceメソッドを使えば、文字列の置き換えが可能です。

ワークシート上のすべてのセルから半角/全角スペースを取り除くときには、次のステートメントを実行します。

```
Cells.Replace What:=" ", Replacement:="", MatchByte:=False
```
スペース　　長さ0の文字列

次のマクロが正解です。

```
Sub Macro1()
    Dim myStr As String

    myStr = WeekdayName(Weekday(Date))

    MsgBox "今日は" & myStr & "です"
End Sub
```

次のマクロが正解です。

```
Sub Macro1()
    Dim myMonth As Long

    myMonth = Month(DateAdd("m", 3, Date))
    MsgBox "今日から3カ月後は " & myMonth & " 月です"
End Sub
```

次のマクロが正解です。

```
Sub Macro1()
    Dim myRest As Long

    myRest = DateDiff("ww", Date, #12/31/2021#)
    MsgBox "今年はあと  " & myRest & "  週です"
End Sub
```

問題9-3-3の解答

次のマクロが正解です。

```
Sub Macro1()
    Dim myDay As Long

    myDay = DatePart("y", Date)
    MsgBox "今年に入って  " & myDay & "  日経過しました"
End Sub
```

問題9-3-4の解答

次のマクロが正解です。

```
Sub 月の末日()
    Range("A2") = DateSerial(Year(Range("A1")), Month(Range("A1")) + 1, 0)
End Sub
```

　この問題は、「当月の末日は『翌月を基準にした前月の最終日』」であることに気付くかが鍵を握っています。DateSerial関数は第3引数の「日」に「0」を指定すると「前月の最終日」として処理されます。すなわち、第2引数でMonth関数で取得した値に「1」を加算して翌月を求め、第3引数に「0」を指定すれば当月の末日が取得できます。

　セルA1が「2021/2/10」なら「2021/2/28」が、「2024/2/10」なら「2024/2/29」と、Ifステートメントで月を判断することなく、また、うるう年も意識することなく当月の末日の取得が可能です。

　これはVBAの上級者でも頭の柔軟性がなければ解けない設問で、この問題がわかれば日付処理に関しては立派な上級者です。

問題10-1の解答

次のステートメントが正解です。

```
    Range("B1").Formula = "=IF(A1>70,""合格"",""不合格"")"
```

このステートメントは、学習の宝庫です。

まず、IFワークシート関数は、VBAから呼び出すことはできません。

次に、セルに数式を入力するときには、Valueプロパティではなく Formulaプロパティを使います。ちなみに、Valueプロパティでも数式を入力することはできますが、決して理想的なステートメントではありません。

最後に、今回のケースでは、次のステートメントが正解のような気がします。

```
    Range("B1").Formula = "=IF(A1>70,"合格","不合格")"
```

しかし、このステートメントでは次のようなエラーが発生してしまいます。

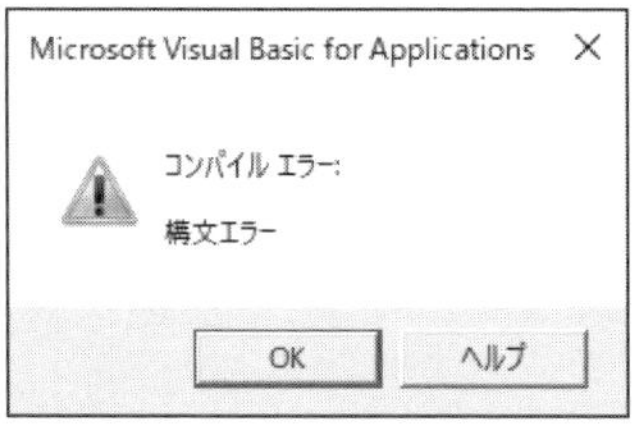

なぜなら、今回、Formulaプロパティに代入するのは、「合格」とか「不合格」という文字列ではなく、ダブルクォーテーション (") も含んだ「"合格"」と「"不合格"」という文字列です。この場合は

```
    Range("B1").Formula = "=IF(A1>70,""合格"",""不合格"")"
```

のように、ダブルクォーテーション (") の中に、さらにダブルクォーテーション (") を記述しなければなりません(厳密には、IFワークシート関数全体もダブルクォーテーション (") で囲んでいます)。

問題10-2の解答

次のようにFormat関数で書式を整えてメッセージボックスに表示します。

```
Sub Macro1()
    Dim myStr As String
    myStr = "2021/6/14 16:21:40"
    MsgBox Format(CDate(myStr), "ggge¥年m¥月d¥日 h¥時n¥分s¥秒")
End Sub
```

円記号 (¥) に続く1文字は、そのまま文字として表示される。

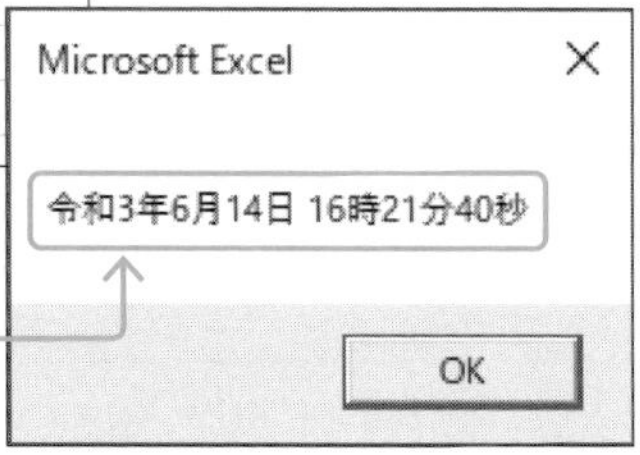

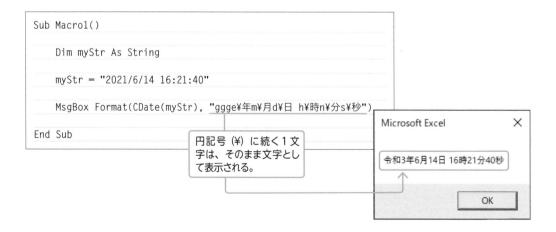

次のマクロが正解です。

```
Sub Macro1()
    If IsDate(Range("A1").Value) = True Then
        MsgBox DateAdd("d", 100, Range("A1").Value)

    ElseIf IsNumeric(Range("A1").Value) = True Then
        MsgBox Range("A1").Value * 100

    End If
End Sub
```

次のステートメントが正解です。

```
MsgBox Int((15 - 10 + 1) * Rnd + 10)
```

　この式の「(最大値 − 最小値 + 1)」という部分は、最小値から最大値の範囲に含まれる整数の個数を求めています。今回の例では、最小値が10で最大値が15ですから6個が含まれることになります。

　そして、Rnd関数は0以上1未満のSingle型の乱数を返すので、「(最大値 − 最小値 + 1) * Rnd」は、0以上6未満の範囲に含まれるSingle型の値となります。

　この値に最小値の10を加算すると、10以上16未満の範囲に含まれるSingle型の値となります。

　最後に、Int関数で小数部分を取り除くと10以上15以下、つまり指定した最小値から最大値に含まれる整数の値を得ることができるのです。

付

練習問題の解答

索引

大村　あつし（おおむら　あつし）

Excel VBAを得意とするテクニカルライターであり、20万部のベストセラー『エブリ リトル シング』の著者でもある小説家。過去にはAmazonのVBA部門で1〜3位を独占し、上位14冊中9冊がランクイン。Microsoft Officeのコミュニティサイト「moug.net」と技能資格「VBAエキスパート」の創設者。主な著書は『かんたんプログラミング Excel VBA』シリーズ、『新装改訂版 Excel VBA本格入門』『大村式【動画＆テキスト】Excel マクロ＆VBA最高のはじめ方』『Excel VBAコードレシピ集』（以上、技術評論社）など多数。「大村あつし Excel マクロ VBA」のチャンネル名でYouTubeでも活動中。

お問い合わせについて

●本書に関するご質問は、記載されている内容に関するもののみとさせていただきます。パソコン、Windows、Excelの不具合など、本書記載の内容と関係のないご質問には、お答えできません。あらかじめご了承ください。
●小社では、電話でのご質問は受け付けておりません。お手数ですが、小社Webサイトのお問い合わせ用フォームからお送りいただくか、FAXか書面にて下記までお送りください。ご質問の際には、書名と該当ページ、メールアドレスやFAX番号などの返信先を必ず明記してください。
●お送りいただいたご質問には、できる限り迅速にお答えできるように努力しておりますが、場合によっては時間がかかることがあります。なお、ご質問の際に記載いただきました個人情報は、本書の企画以外での目的には使用いたしません。参照後は速やかに削除させていただきます。

問い合わせ先

〒162-0846
東京都新宿区市谷左内町21-13
株式会社技術評論社　書籍編集部
「[改訂新版] てっとり早く確実にマスターできる Excel VBA の教科書」係
FAX：03-3513-6183
Web：https://gihyo.jp/book/2021/978-4-297-11923-2/support

カバーデザイン	八木麻祐子（Isshiki／デジカル）
カバーイラスト	大塚たかみつ
本文デザイン・DTP	齋藤友貴（Isshiki／デジカル）

[改訂新版]
てっとり早く確実にマスターできる
Excel VBA の教科書

2021年3月6日　初版　第1刷発行

著　者　大村あつし

発行者　片岡巌

発行所　株式会社技術評論社
　　　　東京都新宿区市谷左内町21-13
　　　　電話　03-3513-6150　販売促進部
　　　　　　　03-3513-6166　書籍編集部

印刷・製本　昭和情報プロセス株式会社

定価はカバーに表示してあります。

造本には細心の注意を払っておりますが、万一、乱丁（ページの乱れ）や落丁（ページの抜け）がございましたら、小社販売促進部までお送りください。送料小社負担にてお取り替えいたします。

ISBN978-4-297-11923-2　C3055

Printed in Japan